LECONS
ç DE
PHISIQUE,

Contenant les Elémens de la Phisique, déterminés par les seules Loix des Mécaniques.

EXPLIQUE'ES

Au Collége Royal de France.

Par JOSEPH-PRIVAT DE MOLIERES, Profeſſeur Royal en Philoſophie, de l'Académie des Sciences, & Membre de la Société Royale de Londres.

TOME PREMIER.

A PARIS,

Chez la Veuve BROCAS, ruë S. Jacques, au Chef S. Jean.
MUSIER, à l'entrée du Quai des Auguſtins, du côté du Pont S. Michel, à l'Olivier.
Et JOSEPH BULLOT, Imprimeur-Libraire, ruë de la Parcheminerie, près S. Severin, à l'Image S. Joſeph.

M. DCC. XXXIV.

Ce Volume contient,

1º. Les Loix générales du mouvement & du choc en ligne droite.

2º. Les Loix générales du mouvement en ligne courbe.

3º. Les principales propriétés du Tourbillon simple.

4º. Les principales propriétés du Tourbillon composé.

5º. L'explication mécanique de la cause générale du Ressort, de la Pesanteur, &c.

6º. La description de la Matiere Etherée, & son insensible resistance.

AVIS AU RELIEUR.

Il faut avoir soin de mettre les trois feüillets ci-joints à la place des deux feüillets cotés 205 & 207

A MONSEIGNEUR
LE CHANCELIER.

ONSEIGNEUR,

Votre Grandeur me permet de lui offrir mes Leçons de Phisique ; c'étoit un tribut que je devois à vos bontés, & que me preſcrivoit la reconnoiſſance. L'attention que

*

vous aviez donné à mes pro-
ductions , lorsqu'elles ne faisoient que d'éclorre , m'avoit
bien inspiré le courage de les
continuer : mais elle ne m'a-
voit pas donné la confiance de
vous les dédier.

On ne sera pas surpris ,
MONSEIGNEUR , que
dans un siécle aussi éclairé &
aussi délicat que le nôtre , j'aïe
entrepris de traiter de la Phisique , après que tant de grands
Hommes y ont mis la main ,
lorsqu'on sçaura que Vous
approuvez mon entreprise.
Mon dessein est de fixer ,
s'il est possible , les principes d'une Science où presque
tout semble encore être incer-

tain, & de donner ainſi des
élémens à la Phiſique.

Deſcartes avoit prévalu ſur
les Anciens, & ſes Diſciples
croïoient s'être juſtement acquis cette eſpece de ſecurité, où
ils vivoient à l'ombre de ſa
Méthode ; le célebre Nevvton
eſt venu troubler leur repos. On
prétend qu'il a montré avec
évidence que les principes Car-
teſiens, quelques plauſibles qu'ils
paroiſſent, ſont ſujets à des con-
tradictions. Peu s'en faut que
la force de ſes raiſonnemens,
joints à une infinité de belles
découvertes qu'on ne peut lui
conteſter, n'entraîne aujourd'hui
les François. Quelqu'intereſſée
que ſoit notre Nation à recon-

noître toujours une lumiere qu'elle a eu l'avantage de voir naître dans son sein, & qui a porté son éclat jusqu'aux extremités du monde, elle est plus sensible encore aux impressions de la verité.

J'ose dire, MONSEIGNEUR, que c'est ce même attachement pour la verité qui m'engage à deffendre le parti de Descartes. En approfondissant ses principes, je satisfais d'abord à toutes les Objections qui sembloient l'avoir accablé ; Je resous ensuite les principales difficultés tirées de l'experience, & que ses Antagonistes n'ont pû lever. De la seule impulsion je déduis la Pesanteur,

& du milieu le plus dense on voit naître cette insensible ré-sistance qui a porté Newton à avoir recours au Vuide. Les sim-ples loix du Mouvement pro-duisent le Ressort, & je montre sensiblement que le Mécanisme est le seul moïen que la Nature emploie dans toutes ses opera-tions.

Mais au lieu de m'occuper uniquement des vertus & des éminentes qualités de VOTRE GRANDEUR, je ne l'entretiens que de mon propre Ouvrage, le Public m'en saura mauvais gré. S'il ignore cependant que je ne pourrois me prêter à ses désirs sans résister à vos ordres, il verra du moins que ma plume

doit se borner à vous plaire,
sans entreprendre de vous loüer.
Je ne releverai donc point ici
votre amour pour les Sciences,
votre zele à en procurer le pro-
grès, votre attention à favori-
ser ceux qui les cultivent, &
dont j'ai si souvent ressenti les
effets : je dois me contenter
de saisir cette occasion de vous
renouveller les témoignages de la
vive reconnoissance, & du très-
profond respect avec lequel je
suis,

MONSEIGNEUR,

De VOTRE GRANDEUR

Le très-humble & très-obéissant
Serv. J. PRIVAT DE MOLIERES.

REMARQUES
GENERALES.

IL regne encore une si grande diversité d'opinions parmi les plus sçavans & les plus célébres Philosophes de nos jours sur les principes de la Phisique, qu'on diroit que cette science si belle, si curieuse & si utile, n'est destinée qu'à être éternellement le jouet de l'esprit humain.

On a fait un grand nombre d'observations & d'experiences, on les a soumises au calcul le plus exact & le plus profond; par là on a enrichi la Phisique de matériaux propres à élever un grand édifice. Mais chacun expliquant les Phénomenes à sa façon, & par les principes dont il est prévenu; il arrive qu'on es.

encore privé de la connoiſſance diſtincte de cet ordre & de cet enchaînement unique, qui doit néceſſairement regner dans la production des effets naturels. C'eſt néanmoins ce qu'il nous importe le plus d'y bien connoître, puiſque c'eſt là préciſément ce qui donne la forme à l'Univers, dont on ſe propoſe dans cette Science de découvrir la ſtructure, les beautés & les utilités, & que rien ne peut mieux réveiller en nous l'idée du Dieu vivant qui l'a créé, & qui nous le preſente comme l'objet le plus capable de nous porter à la connoiſſance de ſa puiſſance, de ſa ſageſſe, de ſa bonté & de toutes ſes autres perfections.

Cependant comme la conſtruction de l'Univers, qui eſt un ouvrage tout formé, ne peut être ſoumiſe à notre choix, & qu'elle ne peut par conſéquent

que dépendre d'un ordre déterminé de principes, si bien liez
qu'il devroit suffire d'en connoître un, pour découvrir tous les
autres ; j'ai pensé que le meil-
leur moyen de réünir les esprits
sur un point si important, étoit
de construire une suite de propositions anciennes ou nouvelles, il n'importe : mais si exactement déduites les unes des autres, qu'elles formassent comme
une chaîne de laquelle il fut
dorénavant comme impossible
de se détacher.

En un mot, je me propose de
donner dans ces Leçons les Élémens de la Phisique, comme Euclides a donné ceux de la Géométrie ; de les démontrer de la
même façon, en déduisant les
propositions les unes des autres,
selon les Regles de la Méthode
dont les Géometres se servent ;
& par ce moyen de fixer pour

toujours le nombre & la qualité des principes de la Phifique, fans quoi il eſt évident qu'on ne peut jamais faire un folide progrez dans cette ſcience, dont le but principal eſt de ramener autant qu'il eſt poſſible tous les effets à une même cauſe, & de les ranger, pour ainſi dire, ſelon l'ordre de leurs générations.

Car quoique les Philoſophes de tous les tems, même ceux de nos modernes qui ont acquis le plus de réputation, ſe ſoient diviſez en pluſieurs rencontres, & ayent ſouvent pris des routes toutes oppoſées ; il y a néanmoins certains points dans leſquels ils ſe réüniſſent. Or c'eſt en approfondiſſant ces points communs, c'eſt en déduiſant de ces points certaines conſequences, qui ont échapé à pluſieurs & que ceux même, qui les ont

vûës, n'ont pas aſſez bien dé-
veloppées , que je tâcherai de
former la chaîne de mes Propoſitions.

Et ce qui me fait le plus eſ-
perer d'obtenir par ce moyen la
réünion de tous les eſprits au ſujet des principes de la Phiſique ,
c'eſt que dans cette ſuite non in-
terrompuë de Propoſitions dé-
montrées , les principaux Dog-
mes des deux plus célébres Philoſophes de nos jours, Deſcartes
& Newton , & qui paroiſſent les
plus contraires, s'y trouveront
renfermez , éclaircis , & ſi bien
liez les uns aux autres, que l'on
verra peut-être avec ſurpriſe ,
que quoique l'un & l'autre de
ces grands Hommes ayent pris
des routes très-oppoſées en ap-
parence , ces routes néanmoins
tendoient directement au même
but.

En un mot on y verra naître du Syftême du Plein, que Defcartes a fuivi, le Vuide même de Newton, où *cet efpace non réfiftant*, dont ce Philofophe a fi invinciblement établi la préfence. Et de l'Impulfion, cette Attraction, ou Pefanteur, qui croît & décroît en raifon inverfe des quarrés des diftances, de laquelle Newton, fans néanmoins en avoir pû découvrir la caufe mécanique, a tiré tant de belles conféquences fondées fur un calcul, dont la fublimité ne retranche rien de l'évidence, & dont ce grand Homme eft le premier inventeur.

Or le point fondamental, dans lequel il me paroît que tous les Philofophes s'accordent, eft de tâcher de ramener tous les effets aux principes des Mécaniques. Car on s'aperçoit d'un côté que Defcartes a voulu nous faire entrevoir que tout ce qui s'opere dans l'Univers , pourroit bien n'être qu'un mécanisme perpétuel , idée qui renferme une certaine réalité frappante , & qui merite bien qu'on la suive de près, & qu'on s'y fixe autant qu'il est possible. Et quoiqu'il semble que Newton s'en soit écarté , on ne peut néanmoins ne pas s'appercevoir aussi, en approfondissant ses Ouvrages, qui certainement meritent toute notre attention , que ce n'est que sur les loix des mécaniques , bien mieux déterminées que Descartes ne l'avoit fait , qu'il fonde ses principales assertions, & ses plus fortes difficultés contre le Systême du Plein & les Tourbillons de Descartes. De sorte qu'à le bien prendre , toute sa Phisique n'est qu'un mécanisme , mais un mécanisme interrompu. Or il m'a paru que pour rendre le mé-

canifme continu , il n'y avoit
qu'à ne pas s'attacher fi fcrupu-
leufement aux Tourbillons de
Defcartes , tels qu'il nous les
avoit décris , mais qu'il falloit
plûtôt en approfondir l'idée ,
& la développer de plus en plus,
ainfi que le célébre Monfieur
de Leibnits l'avoit jugé néceffaire , & que Monfieur Villemot
& le P. Malebranche ont tenté
de l'exécuter ; ce que, fuivant les
traces de tant d'habiles conduc-
teurs , je tâcherai ici de porter
à la plus grande précifion , dont
je pourrai être capable.

Par là je fournirai aux Phi-
ficiens des raifons évidentes des
principaux Phénoménes de la
nature , aux Aftronomes des
caufes phifiques des mouvemens
céleftes , aux Chimiftes des notions claires & intelligibles de
leurs opérations.

Mais quoique je m'attache

principalement au Syſtême du
Plein, parce que j'eſpere y
rencontrer plus ſeurement la
continuité du Mécaniſme, qui
eſt le point que j'ai le plus en
vûë, je ne ferai néanmoins aucun effort pour combattre le ſiſ-
teme du Vuide, dont Monſieur
Newton a porté l'établiſſement
au-delà de tout ce que ſes pré-
déceſſeurs avoient pû faire. Je
ſens trop combien les recherches
qu'on y a faites, & que l'on continuë d'y faire, ſont utiles à la
Phiſique pour en détourner qui
que ce ſoit. Mais ce que M. Newton a fait pour l'établiſſement
du Syſtême du Vuide, j'entreprends de le faire pour le réta-
bliſſement du Syſtême du Plein,
en répondant diſtinctement à
toutes les difficultés qui ſemblent
maintenant le détruire : afin que
ces Syſtêmes allant de pair, ils
puiſſent contribuer tous deux

également à la perfection de la Phifique.

Et comme j'ai éprouvé par ma propre expérience, que ce n'é- toit pas dans des calculs fort éle- vés, mais que c'étoit plûtôt en approfondiffant de plus en plus les notions les plus fimples, qu'on découvroit les Elémens de la Phifique, j'ai évité autant qu'il m'a été poffible de m'enga- ger dans les calculs ; mon def- fein n'étant pas ici de chercher dans la Phifique des occafions d'y employer le calcul, mais de ne m'en fervir qu'autant qu'il eft néceffaire pour parvenir au but que je me propofe.

Ainfi comme on ne peut nier qu'Euclides n'ait très-bien dé- montré fes propofitions, fans le fecours des calculs differentiel & integral, j'efpere auffi pou- voir démontrer les Elémens de la Phifique, en ne faifant ufage que des moyens, dont il s'eſt ſervi pour démontrer ceux de la Géométrie. Ce n'eſt pas que ces Elémens ne ſoient ſuſceptibles du calcul le plus ſublime, lorſqu'on transformera les cercles que je conſidere, en d'autres lignes courbes, & les ſpheres en des ſpheroïdes de toutes les façons, & qu'on ne puiſſe tirer de là de grandes lumieres. Mais je laiſſerai à ceux qui en ſeront curieux le ſoin d'étendre ces Elémens ſelon toutes les méthodes nouvelles, parce que je n'entreprends pas ici de tout expliquer, mais ſeulement d'ôter les principaux obſtacles qui empêchent de voir que la nature n'eſt préciſément qu'un mécaniſme perpétuel.

Que ſi l'on trouve étrange que dans ces Leçons je m'attache avec trop de ſoin à diſcuter des points que perſonne ne con-

reſte aujourd’hui, je prie le Lecteur de conſiderer que ces Leçons n’ont été compoſées que
pour inſtruire des Commençans,
& que d’ailleurs il ne ſuffit pas
pour former des Elémens, que
des propoſitions ſoient connuës,
mais qu’il faut outre cela montrer évidemment la liaiſon qu’elles ont entre elles.

Et comme l’objet que je me propoſe n’eſt déja que trop grand,
je m’abſtiendrai autant qu’il
me ſera poſſible d’entrer dans
des détails qui me jetteroient
dans les calculs que je veux éviter, & qui arrêteroient tout
court ceux que j’ai principalement en vûë d’inſtruire; de ſorte
que ſi j’emploie en quelques endroits des dx & des dy pour exprimer des quantités non pas infiniment petites, mais ſeulement
incomparablement plus petites
que les quantités finies qui tom-

bent fous nos fens, je fuis bien aife d'avertir ici, pour ne pas trop alarmer les Commençans, que ce n'eft pas pour calculer ces differences que je m'en fers, mais feulement pour reprefenter plus fenfiblement les effets que je confidere, en quoi ils ne pourront trouver aucune difficulté.

Que fi nonobftant toutes ces précautions quelqu'un trouve encore trop hardi le projet que j'ai formé, de démontrer ici les Elémens de la Phifique ; je le prie de confiderer que mon deffein ne peut être de faire illufion par le mot de *Démonftration*, mais plûtôt de rendre par là le Lecteur plus attentif à ne rien laiffer échapper qui ne foit marqué au fceau de l'évidence, & à chercher lui-même ce que je n'aurai peut être pas rencontré.

AVERTISSEMENT.

Cette expreſſion (P. 7. 1.) ou (P. 12. 3.) & ſemblables, cite la Propoſition 7. ou 12. de la Leçon 1. ou 3. Celle-ci (P. 8.) ou (P. 10.) cite la Propoſition 8. ou 10. de la Leçon courante.

REM. ſignifie *REMARQUE.* Et lorſqu'on cite une Propoſi-tion, la Remarque y eſt com-priſe. C. Q. F. D. ſignifie ce qu'il falloit démontrer.

Les ſignes $=. \ +. \ -. \ \times.$ ſignifient égal. plus. moins fois. $\sqrt{}$. ſignifie Racine 2. ou Racine quarrée $\sqrt[3]{}$. ſignifie Racine 3. ou Racine cubique.

On diſtribuera ces Leçons au Collège Royal, à meſure qu'elles ſeront imprimées.

LEÇON I.

LECON I.

DES
LOIX GENERALES
DU MOUVEMENT
UNIFORME
EN LIGNE DROITE.

DEFINITIONS.

1 A PHISIQUE est la connoissance de l'Univers sensible.

2 Je nomme *Effet* tout ce qui arrive dans l'Univers.

3 Je nomme *Cause phisique* ou *Force* un effet qui produit un autre effet.

A

4 Je nomme *Principe* un effet auquel on n'assigne aucun autre effet pour cause, ou qu'on ne déduit d'aucun autre effet.

5 On nomme *Systéme* une suite de principes d'où l'on se propose de déduire par ordre tous les effets.

6 On nomme *Nature* l'ordre ou l'enchaînement de tous les effets.

7 On s'*assure* de l'exiſtence des effets par les obſervations & les experiences.

8 On *connoît* un effet, lorſqu'on eſt en état de répondre ſans ſe contredire à toutes les queſtions que l'on peut former ſur cet effet, & qu'on peut le rapporter à la cauſe qui le produit immédiatement.

PROPOSITION I.

MAXIME FONDAMENTALE.

*Il ne faut pàs multiplier les Princi-
pes sans nécessité. Il faut déduire
les effets de la Nature des suppositions les plus simples.*

Car plus on établira de principes, c'est-à-dire, d'effets,
qu'on ne déduira d'aucun autre
effet, ou plus les effets que l'on
posera pour principes seront
composez ; moins on résoudra
de questions que l'on poura former sur les effets : & moins par
conséquent sera parfaite la connoissance que l'on aura de la Nature. Il ne faut donc pas multiplier les principes sans nécessité.
il ne faut donc pas mettre au
rang des premieres causes, des
effets quelque averés qu'ils
soient par l'experience, si ces effets peuvent dépendre de quel-
A ij

qu'autre effet ; il faut donc déduire les effets de la nature des
suppofitions les plus fimples ,
puifqu'il s'agit en Phifique de
connoître la Nature le mieux
qu'il eft poffible ; & que l'éta-
bliffement d'un feul faux principe nous engageroit en une infinité d'erreurs.

PROPOSITION II.
Demande, ou Syftême général.

*Suivant cette maxime on pourroit
établir pour Syftême général de
la Nature.*

1°. Que l'Univers fenfible a
pû d'abord n'avoir été formé que
d'un feul & même Efpace homogene , ou partout femblable à
lui-même, que l'on nomme *Matiere : Etenduë* en longueur, lar-
geur & profondeur : *Impénétrable* ou capable d'impulfion : &
Divifible en tant de parties qu'on

voudra qu'on nomme *Corps*, &
ces parties en d'autres parties,
& ainſi de ſuite, leſquelles ſont
auſſi des Corps bornez ou *figu-*
rez de diverſe façon.

2°. Que dès le commence-
ment la matiere a été actuellement diviſée & ſubdiviſée tant
qu'il étoit néceſſaire, & de la
maniere la plus convenable à la
production des effets, par un
Agent général que l'on nomme
Force mouvante : Cauſe univer-
ſelle de toutes les figures & de
tous les mouvemens des corps,
ou de tous les changemens de
ſituation des parties de la matiere, les unes à l'égard des autres.

3°. Que la Force mouvante ſe
diſtribuë dans les Corps par la
ſeule *Impulſion*, & ſans aucune
reſiſtance de leur part; de telle
ſorte que la moindre force eſt
capable de mettre le plus grand
corps en mouvement, & une

plus grande force en un plus grand mouvement.

4°. Qu'un Corps a d'autant plus de *Vitesse*, qu'il parcourt plus d'espace dans un certain tems, & d'autant plus de *Force* qu'il a plus de vitesse & qu'il est plus grand, ou qu'il contient plus de matiere. De telle sorte qu'un corps *en repos*, ou qui n'a point de vitesse, n'a point de force ; & qu'il n'a de force que lorsqu'il est en mouvement, ou qu'il a quelque vitesse.

En un mot, on pourroit d'abord ne supposer dans l'Univers que de la matiere & du mouvement, qui se distribuât dans ses parties par la seule impulsion ; & entreprendre de déduire par ordre de cette simple supposition tous les effets que nous y admirons.

Mais quoique suivant cette idée nous ne devions regarder

en Phifique, comme un effet
connu, que celui que nous pouvons déduire clairement & diftinctement de l'étenduë, de l'impénétrabilité & de la divifibilité
de la matiere réduite en acte par
la force mouvante, qui fe diftri-
buë dans fes parties par l'impulfion ; Cependant comme l'Univers eft un Ouvrage tout formé,
& que les effets que nous y con-
fiderons font très-éloignez de
cette fimplicité originale dont
nous venons de parler ; Que les
corps qui frappent le plus fenfiblement nos fens, fe meuvent
dans des efpaces qui femblent
être deftituez de toute matiere ;
Qu'il y a dans ces Corps plufieurs
propriétés qui paroiffent n'avoir
aucun rapport à l'Impulfion ; &
que d'ailleurs ce n'eft pas s'éloigner en effet des fuppofitions les
plus fimples, que d'employer la
methode des Géometres , qui

pour la folution d'un problême
compofé, introduifent dans leurs
calculs autant de quantités in-
connuës qu'il leur en faut, qu'ils
regardent d'abord comme connuës, & qu'ils font enfuite éva-
nouir, à force de les comparer
les unes aux autres; Il eft clair
que rien n'empêche que, fans
jamais perdre de vûë le Syftême
général que nous venons d'expofer; nous ne puiffions fuppofer d'abord autant de principes
que nous jugerons à propos de
le faire, pourvû que dans la
fuite nous ramenions toutes ces
fuppofitions acceffoires aux fuppofitions les plus fimples, &
que nous ne nous en fervions
que comme autant d'Etais néceffaires à la conftruction de l'édifice, que nous entreprenons d'é-
lever, Etais que l'on abbat à mefure que l'ouvrage monte à fa
perfection.

PROPOSITION

PROPOSITION III.

La Vitesse d'un mobile est l'espace qu'il parcourt, divisé par le tems qu'il est à le parcourir. Et sa Force est le produit de sa masse par sa vitesse.

Soit nommée V, la vitesse d'un mobile A. E, l'espace qu'il parcourt. T, le tems qu'il est à le parcourir. M, sa masse. F, sa force. Il faut montrer 1°. que dans tous les cas, $V = \frac{E}{T}$. 2°. que $F = MV$, ou que $F = \frac{ME}{T}$.

1°. Supposons d'abord qu'un corps A, parcoure un certain espace comme d'une toise, durant un certain tems, comme d'une minute, & qu'il ait par conséquent un certain degré de vitesse $V = 1$.

Qu'ensuite il parcoure 12 toises, par exemple durant le même tems d'une minute. Il est

B

clair, (P. 2.) qu'un corps aïant
d'autant plus de vitesse qu'il
parcourt plus d'espace en même
tems , ce corps aura dans ce second cas, 12 fois autant de vitesse que dans le premier cas.
Ainsi si dans le premier cas on
a $V = 1$; dans le second cas on
aura $V = 12$, ou $V = \frac{12}{1}$.

Mais si le même mobile est
3 minutes , par exemple, à parcourir le même espace de 12
toises ; alors il est clair que dans
ce troisiéme cas sa vitesse V, ne
sera que le tiers de ce qu'elle
étoit dans le second cas. Ainsi
ou aura dans ce troisiéme cas
$V = \frac{12}{3} = 4$. & en effet on voit
que dans ce dernier cas le mo-
bile n'aura réellement parcouru
que 4 toises dans une minute ,
& n'aura par conséquent que 4
fois autant de vitesse que dans
le premier cas.

Or dans cet exemple les nombres (12 qui exprime l'efpace, (3) qui exprime le tems, aïant été pris à volonté; il en fera de même quels que foient les nombres que l'on prenne (E) pour exprimer l'efpace, (T) pour exprimer le tems. Donc en général $V = \frac{E}{T}$. c'eft-à-dire, que la viteffe V, d'un mobile A, fera toujours égale à l'efpace parcouru E, divifé par le tems T emploïé à le parcourir.

Si $E = 12$, & $T = 3$; on aura V ou $\frac{E}{T} = \frac{12}{3} = 4$, c'eft le 3e. cas. Si $E = 12$, & $T = 1$; on aura V ou $\frac{E}{T} = \frac{12}{1} = 12$; c'eft le 2e. cas. Si $E = 1$, & $T = 1$; on aura V ou $\frac{E}{T} = \frac{1}{1} = 1$; c'eft le premier cas. Si $E = 5$ & $T = 7$; on aura V ou $\frac{E}{T} = \frac{5}{7}$. Et ainfi des autres. Donc &c. C. Q. F. 1°. D.

2°. Suppofons encore qu'un certain corps A, ait d'abord une certaine viteffe que nous nommerons un degré.

Qu'enfuite le même corps *A* ait quatre fois autant de viteſſe que dans le cas précedent. Il eſt clair (P. 2.) qu'un corps aïant d'autant plus de force, qu'il contient en ſoi plus de viteſſe, le corps *A* dans ce ſecond cas aura 4 degrés de force, ou 4 fois autant de force que dans le premier cas. Ainſi ſi dans le premier cas on fait ſa force $F = 1$, dans ce ſecond cas on aura ſa force $F = 4$.

Suppoſons enfin que la maſſe du même corps *A* augmente & qu'elle devienne quintuple, par exemple, de ce qu'elle étoit ; alors il eſt clair que dans ce troiſiéme cas le corps *A* étant devenu 5*A*, chacune des 5 parties *A* du corps 5*A* aura 4 degrés de force ; ou autant de force que tout le corps *A* conſideré dans le 2ᵉ. cas. Le mobile *A* devenu 5*A* aura donc dans ce 3ᵉ. cas

5 fois autant de force que dans le 2ᵉ. cas. Et 5×4 ou 20 fois autant de force que dans le premier cas. Ainſi dans ce 3ᵉ. cas on aura ſa force $F = 5 \times 4$, ou 20.

Or dans cet exemple les nombres (4) qui exprime la viteſſe, & (5) qui exprime la maſſe du mobile, aïant été pris à volonté, il en ſera de même quels que ſoient les nombres que l'on prenne (V) pour exprimer la viteſſe, & (M) pour exprimer la maſſe du mobile.

Donc dans tous les cas on aura $F = MV$, ou la force F du mobile ſera toujours égale au produit MV de ſa viteſſe V multipliée par ſa maſſe M.

Et en ſubſtituant à la place de la viteſſe V, ſa valeur $\frac{E}{T}$; on aura ſa force $F = \frac{ME}{T}$; ou la force F du mobile ſera toujours égale au produit de ſa maſſe M par l'espace E qu'il aura parcouru, divisé par le tems T qu'il aura mis à le parcourir. Donc &c. C. Q. F. D.

REMARQUES.

I. Si $V = 4$, & $M = 5$, on aura F ou $MV = 5 \times 4 = 20$; c'est le 3e. cas. Si $V = 4$ & $M = 1$, on aura F ou $MV = 1 \times 4 = 4$; c'est le 2e. cas. Si $V = 1$ & $M = 1$, on aura F ou $MV = 1 \times 1 = 1$; c'est le premier cas.

2°. Si l'on connoît l'espace E (12) qu'un mobile aura parcouru, & le tems T (3) qu'il aura été à le parcourir on connoîtra sa vitesse V ou $\frac{E}{T}$ en divisant l'espace E (12) par le tems T (3) & on aura $V = \frac{12}{3} = 4$.

2°. Si l'on connoît encore sa masse M (5) on connoîtra sa force F, ou MV, ou $\frac{M E}{T}$. en multipliant sa vitesse V (4 ou $\frac{12}{3}$) par sa masse M (5), & on aura F ou

$MV =$ 5 × 4, ou 20. Et F ou $\frac{ME}{T} =$ 5 × $\frac{12}{3}$ ou $\frac{60}{3}$ ou 20.

4°. Si l'on connoît sa force F (20), & sa masse M (5) ; on connoîtra sa vitesse V, en divisant sa force F ou MV (20) par sa masse M (5) ; & on aura $V = 4$.

5°. Enfin si l'on connoît sa force F (20) & sa vitesse V (4), on connoîtra sa masse M, en divisant sa force F ou MV (20) par sa vitesse V (4), & on aura $M = 5$.

I I. Si l'on veut comparer les vitesses & les forces de deux mobiles homogenes A. B. Aïant nommé M, m les masses ; V, v les vitesses ; E, e les espaces ; T, t les tems ; F, f les forces, on aura $V = \frac{E}{T}$ & $u = \frac{e}{t}$. 2°. $F = MV$ & $f = m u$. 3°. $F = \frac{ME}{T}$ & $f = \frac{m e}{t}$.

D'où l'on tirera ces trois analogies $V, u :: \frac{E}{T} . \frac{e}{t} ; F . f :: MV, m u ; F . f :: \frac{ME}{T} . \frac{me}{t}$.

Et de ces trois analogies, ces

trois équations $VTe = utE$, $Fmu = fMV$, $FTme = ftME$.

D'où l'on déduira ensuite avec une grande facilité toutes les autres analogies ou proprietés du mouvement uniforme. Par exemple de la premiere équation $VTE = utE$; on en déduira,

1°. Que si les vitesses V, u des mobiles $A. B.$ sont égales, les espaces E, e seront comme les tems T, t. Car alors on aura $Te = tE$. Donc $E. e :: T. t$.

2°. Si les tems T, t sont égaux, les vitesses V, u seront comme les espaces E, e; Car alors on aura $Ve = uE$. Donc $V. u :: E. e$.

3°. Si les espaces E, e sont égaux; les vitesses V, u seront en raison inverse des tems T, t. Car alors on aura $VT = ut$. Donc $V. u :: t. T$.

De la seconde équation $Fmu = fMV$ on en déduira,

1°. Que si les masses M, m sont

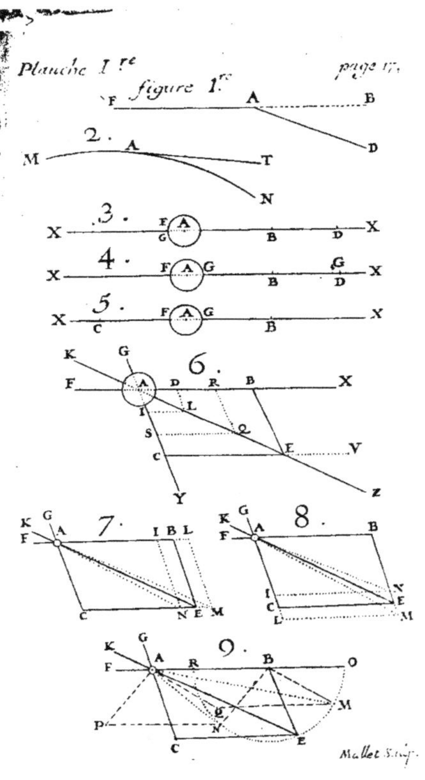
figure 1.re
F   A   B
D
2.
M   A   T
N
3.
X   F A G   B   D   X
4.
X   F A G   G D   X
B
5.
X   F A G   B   X
C
6.
K
G
F   A D R B   X
I   L
S   Q
C   F   V
Y   Z
7.
K G   I B L
F A
C   N E M
8.
K G   B
F A
I
C   N
L   E
M
9.
K G   R B   O
F A
P   M
G
N
C   E
Mallet Sculp.

Planche 1re

figure 1re

2.

3.

4.

5.

6.

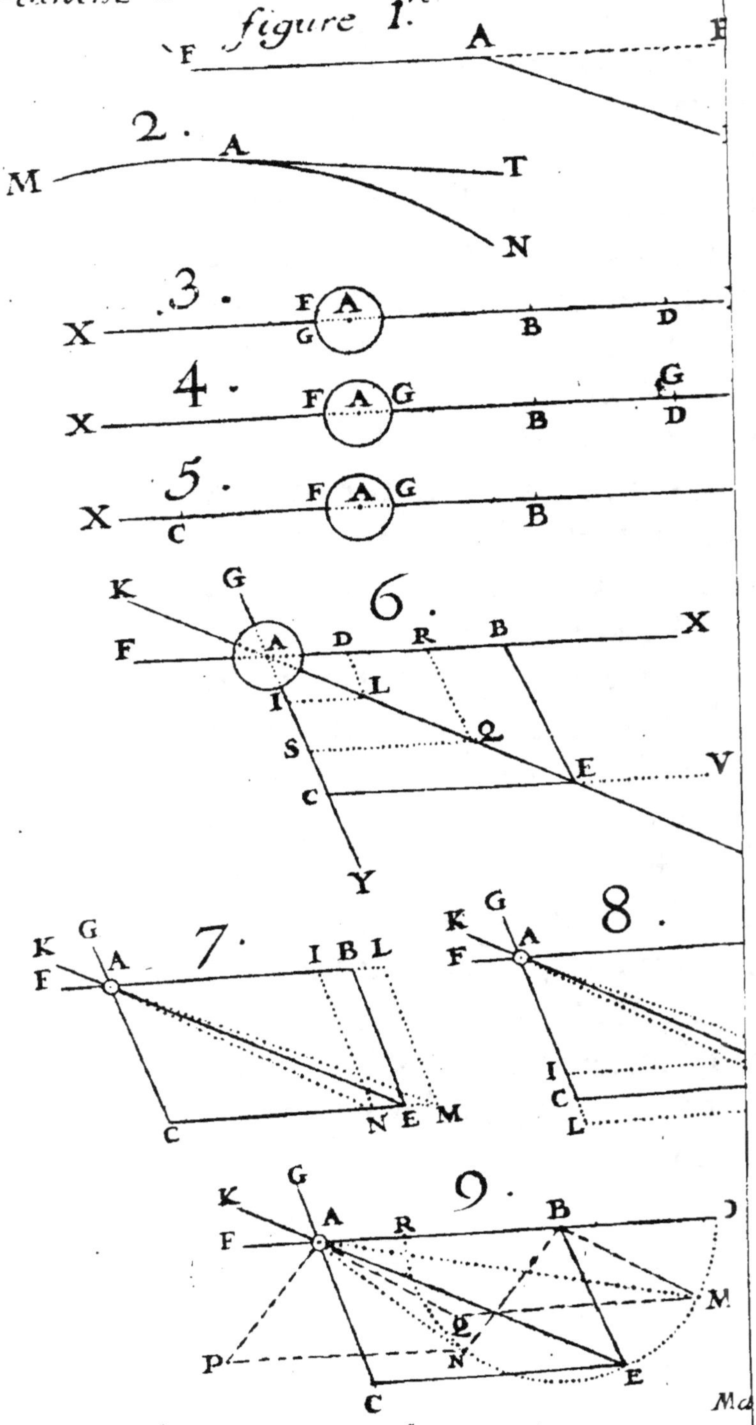

7.

8.

9.

égales , les forces F, f seront comme les vitesses V, u. Car alors on aura $Fu = fV$. Donc F, f :: V. u.

2°. Si les vitesses V, u sont égales , les forces F, f seront comme les masses M, m. Car alors on aura $Fm = fM$. Donc F. f :: M. m.

3°. Si les forces F, f sont égales , les vitesses V, u seront en raison inverse des masses M, m. Car alors on aura $mu = MV$. Donc M. m :: u. V.

Nous n'entrerons pas dans le détail des analogies que l'on peut déduire de la troisiéme équation $FTme = ftME$; parce qu'il suffit d'avoir bien entendu ce qu'on a expliqué dans le premier article , savoir que $V = \frac{E}{T}$ & $F = MV = \frac{ME}{T}$, pour déterminer facilement au besoin tout le reste par les simples regles de l'Analife.

PROPOSITION IV.

Un Corps en repos demeurera de lui-même en repos. Et un Corps en mouvement continuera de lui-même à se mouvoir uniformément en ligne droite. Et s'il est contraint de se mouvoir en ligne courbe, il tendra à chaque point de la courbe qu'il décrira, à parcourir la Tangente de la courbe en ce point.

Car par la demande précédente un corps ne pouvant de lui-même apporter aucun changement à sa disposition actuelle. Il est clair,

1°. Que s'il est en repos, Il ne pourra de lui-même commencer à se mettre en mouvement ; il continuera donc de lui-même à *demeurer en repos* ; Et ne tendra de lui-même à se mouvoir ni à droit ni à gauche, ni en haut ni

en bas ; ni en aucun autre sens,
à moins que quelque cause é-
trangere ne l'y contraigne.

2°. Que s'il est en mouvement, il ne pourra de lui-même
ni s'arrêter tout court, ni augmenter son mouvement, ni le diminuer en aucune façon ; *Il continuëra donc de lui-même à se mouvoir uniformément*, ou à parcourir en tems égaux des espaces
égaux.

3°. Qu'étant en mouvement,
il ne pourra de lui-même changer en aucune sorte la façon de
se mouvoir, qu'il aura acquise
à chaque instant ; Il ne pourra
donc d'abord décrire un des côtés *F A* (fig. 1.) d'un angle *F A D*,
& se détourner ensuite de lui-
même dans l'autre côté *A D* de
cet angle, sans qu'aucune cause
l'y contraigne ; or il doit continuer de lui-même à se mouvoir
uniformément, ainsi que nous

venons de le remarquer ; il continuëra donc de lui-même à dé-
crir uniformément le prolongement *A B* du côté *F A*, ou la
ligne droite *F A B.* Il continuëra donc de lui-même à se mouvoir uniformément *en ligne
droite.*

4°. Qu'une *Ligne courbe* MN
(fig. 2.) étant un Poligone d'une
infinité d'angles & de côtés, dont
les prolongemens sont les Tangentes *A T* de la courbe ; & un
Mobile *A* ne pouvant décrire
cette courbe, qu'il ne décrive
chacun de ces petits côtés ; il est
clair que le mobile *A* ne pourra
continuer à décrire la moindre
partie de la courbe *A N*, qu'il ne
décrive les côtés d'un angle, &
qu'il ne change par conséquent
la façon de se mouvoir qu'il a acquise au point *A.* Or nous venons de voir qu'un corps *A* ne
peut de lui-même produire en

foi ce changement, un corps *A*
ne peut donc décrire une ligne
courbe qu'il n'y foit contraint
par quelque caufe étrangere à
fon mouvement, qui le détourne
à chaque inftant d'un des petits
côtés de la courbe dans l'autre,
ni que par conféquent il ne tende
par le mouvement actuel qu'il a,
& qu'il ne peut changer, à décrire à chaque point *A* de la
courbe où il eft parvenu, la
Tangente *A T*, dont le petit côté qu'il décrit eft le prolongement. Donc &c. C.Q F. D.

PROPOSITION V.

Un Corps mû par deux Forces, qui
ont pour directions une même li-
gne droite qui paſſe par ſon centre,
ſe mouvra dans cette ligne ; ou
avec la Somme des deux forces,
ſi leurs directions ſont de même
ſens: ou avec la Difference de ces
forces, ſi leurs directions ſont en

sens contraires. Ainsi les forces contraires se détruiront mutuellement.

1°. Supposé qu'un globe étant en repos au point A, (fig. 3.) soit poussé dans la ligne XX par une force F, capable de lui faire parcourir la partie AB, de X durant un certain tems T; & que le même mobile étant en repos au point B, soit poussé dans la même ligne X, par une autre force G capable de lui faire parcourir la partie BD de X durant un pareil tems T. Je dis que si le mobile en repos en A est poussé en même tems par les deux forces F, G dans la ligne X, ce mobile parcourra durant le même tems T la ligne $AD = AB + BD$.

2°. Supposé qu'un mobile étant en repos au point A, (fig. 4. soit poussé dans la ligne X par une force F capable de lui faire parcourir la partie AD de X durant un certain tems T, & que le même mobile étant en repos au point D, reçoive l'impreſſion d'une autre force G capable de lui faire parcourir en ſens contraire la partie DB de X durant un pareil tems T; je dis que ſi le mobile étant en repos au point A, eſt en même tems pouſſé en ſens contraires dans la même ligne X par les deux forces F, G, le mobile durant le même tems T parcourra la ligne $AB = AD - DB$.

Car par la demande précédente un corps n'apportant aucune réſiſtance au mouvement, il eſt évident que les deux forces F, G doivent produire en lui le même effet, en y agiſſant conjointement, qu'elles y auroient produit en y agiſſant ſéparément. Ainſi dans le premier cas, le mobile se mouvera avec la somme $F + G$ des forces F, G ; Dans le 2ᵉ. cas avec la difference $F - G$ des mêmes forces ; Et dans ce 2ᵉ. cas la force G, & une partie de la force F égale à la force G, se détruiront mutuellement.

3°. D'où il suit que supposé que le mobile étant en repos au point A (fig. 5) soit poussé dans la ligne X par une force F capable de lui faire parcourir la partie AB de X durant un certain tems T ; & que le même mobile étant en repos au point B, reçoive l'action d'une autre force $G = F$, capable de lui faire parcourir en sens contraire la même ligne BA durant un tems pareil ; Il arrivera que si le même mobile étant en repos au point A, est poussé en même tems en sens contraires dans la même ligne de direction XX, par les deux forces égales F, G, dont l'un F

tende

tende à lui faire parcourir AB,
tandis que l'autre G, tend à lui
faire parcourir $AC = AB$; le
mobile demeurera en repos au
point A; Et que l'effet d'une de
ces forces F, qui est de transporter le mobile de A en B, sera détruit par l'effet de l'autre force
G, qui est de le transporter en
même tems de B en A. Ainsi
dans ce troisième cas, les forces
égales F, G, se détruiront mutuellement. Donc &c. C. Q. F. D.

PROPOSITION VI.

*Un Corps mû par deux forces, dont
les directions forment un angle,
parcourra uniformément la Diagonale du Parallelograme, dont
les côtés pris sur ces directions
seront entr'eux comme ces forces;
& cela dans même tems qu'il
parcourroit l'un ou l'autre côté par
l'une ou l'autre des forces.*

Posons que dans le même inſtant deux forces F, G (fig. 6.) dont les directions qui paſſent par le centre A d'un mobile ſoient AX, AY, agiſſent conjointement ſur ce mobile ; & que l'une F ſoit ſeule capable de lui faire parcourir $A B$ dans un certain tems T, & l'autre G, de lui faire parcourir $A C$ dans un pareil tems T, du point B menés $B E$ parallele à AY, du point C menés $C E$ parallele, à AX, & par le point E, ou les lignes $B E$, $C E$ ſe coupent, menés $A E$. Je dis que le mobile pouſſé en même tems par les deux forces F, G, parcourra uniformément la diagonale $A E$ du parallelograme $A B E C$ dont les côtés $A B$, $A C$ ſont entr'eux comme les forces F. G.

Car 1°. concevez que le mobile en repos au point A ne ſe meuve d'abord que par l'action de la ſeule force G, dont la direc-

tion est *GAY*, & qu'il y parcoure *AC* durant le tems *T*;
qu'ensuite cessant de se mouvoir
en ce sens, & étant en repos au
point *C*, il se meuve par l'action
de la seule force *F*, appliquée
au même point *F*, du mobile
dans la direction *FAX*, devenuë *CEV*; il est clair que durant un pareil tems *T*, le mobile parcourroit dans ce cas la
ligne *CE*, égale & parallele à
AB; & que par conséquent le
mobile par l'action disjointe des
deux forces *F. G*, arriveroit au
point *E*.

Or deux forces *F, G* agissant
conjointement sur un mobile, y
doivent produire le même effet
qu'elles y produiroient en y agissant séparément & de la même
façon chacune durant le même
tems, donc l'action conjointe
des deux forces *F,G*, doit transporter le mobile du point *A* au
C ij

point E, & lui faire parcourir la ligne *A E* droite ou courbe, durant le tems *T* que la seule force *F* l'auroit transporté du point *A* au point *B :* ou que la seule force *G* l'auroit transporté du point *A* au point *C*.

2°. Soit maintenant la diagonale *A E*, & *L* un point quelconque de *A E*. Soit *L D* parallele à *AY*; & *LI* parallele à *AX*. Il est clair que *A D. AI : : AB. AC*. & que durant le tems que le mobile se mouvant uniformément dans la ligne *A X*, auroit parcouru *A D* par l'action de la force *F*, le même mobile se mouvant aussi uniformément dans la ligne *AY*, auroit parcouru *AI* par l'action de la force *G*. On démontrera donc, comme auparavant que le mobile *A* sera parvenu en *L*, par l'action conjointe des deux forces *F, G* ; & que le point *L* aïant été pris à

volonté dans la droite AE, il
en fera de même de tous les autres. Le mobile A aura donc parcouru la Diagonale AE d'un
mouvement, foit égal, foit inégal ; mais durant le tems T qu'il
auroit parcouru AB, ou AC.

3°. Prenez $DR = AD$, & menez RQ parallele à AY, & QS
parallele à AX ; & vous aurez
$LQ = AL$, & $IS = AI$. Et le
mobile A qui fe feroit mû uniformément dans la ligne AB par
l'action de la force F, & qui
n'auroit pas emploïé plus de tems
à parcourir DR qu'à parcourir
AD, n'aïant emploïé ni plus ni
moins de tems à parcourir AQ,
qu'à parcourir AR ; ni à parcourir AL, qu'à parcourir AD ;
n'aura pas emploïé plus de tems
à parcourir LQ, qu'à parcourir AL. Donc l'action conjointe
des deux forces F, G, fera parcourir uniformément au centre A

du mobile la diagonale *A E* du Parallelograme *A B E C*, durant le tems qu'il auroit parcouru le côté *A B* par l'action de la force *F*, ou le côté *AC* par l'action de la force *G*. Donc &c. C. Q. F. D.

PROPOSITION VII.

On peut toujours substituer à l'action conjointe de deux forces F, G une seule force K, qui ait pour direction la direction A Z de l'action conjointe des deux forces F. G. Et qui soit à chacune de ces forces comme la diagonale du parallelograme formé sur ces directions, est à chacun de ses côtés.

Car tout ce que nous venons de démontrer dans la Proposition précédente étant supposé, il est clair qu'il ne s'agit dans la composition des deux forces *F, G*, que d'une premiere impression instantanée de ces deux forces ;

& que par conféquent on doit regarder le Parallelograme *A B E C* comme infiniment petit ; d'où il fuit, que le mobile *A* aïant acquis la direction & la viteſſe repreſentée par *A E*, continuëra enſuite de lui - même (P. 4.) à ſe mouvoir uniformément en ligne droite dans cette même direction prolongée *A E Z* & avec cette même viteſſe ; comme s'il n'avoit été pouſſé ſelon *A E* que par une ſeule force *K*, qui ſeroit à la force *F* comme *A E* à *A B*, & à la force *G*, comme *A E* à *A C*, ou comme *A E* à *E B* = *A C*. Donc &c. C. Q. F. D.

REMARQUES.

Si la quantité de la force *G* & les directions *A X*. *A Y* des forces *F*, *G* (fig. 6.) demeurant les mêmes, que dans la Propoſition précédente, la force *F* aug-

mentoit ou diminuoit ; c'eft-à-
dire, fi tandis que la force *G*
(fig, 7) tend à faire parcourir au
mobile *A* la ligne *A C*, fa force
F tendoit à lui faire parcourir
A L, plus grande que *A B*, ou
A I, moindres que *A B*, alors on
verra (P. 3.) que non-feulement l'action conjointe des deux
forces *F, G*, augmenteroit ou diminuëroit ; mais qu'elle change-
roit fa direction *A E* qui devien-
droit *A M* ou *A N*. Il en fera de
même (fig. 8.) fi la force *F* demeurant la même que dans la
(fig. 6.) la force *G* augmente ou
diminuë. Car achevant le parallelograme, on verra que l'action
conjointe des deux forces *F, G*,
fera parcourir au mobile la diagonale *A M*, ou *A N*.

I I. Si les quantités des forces
F, G (fig. 6.) & la direction *A X*
de la force *F* demeurant les mêmes, la direction *A Y* de la force

G

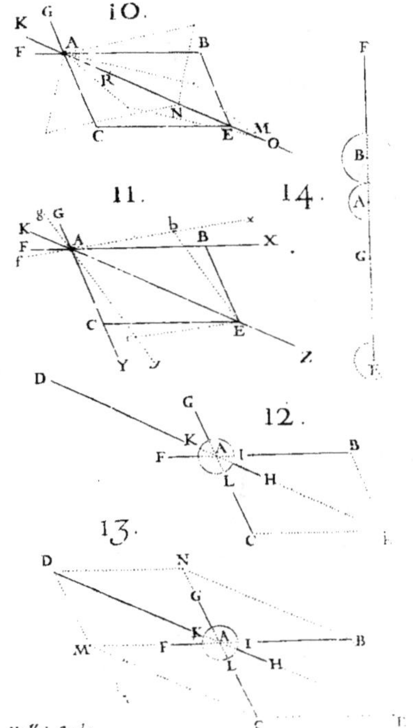
10.
K G
F A B
P
N
C E M O
11.
8 G K
F A b B X
f
C E
Y Z
14.
F
B
A
G
E
12.
D
G
K
F A I B
L H
C
13.
D N
G
M F K A I B
L H
C

Pl. II.
10.
K
G
F
A
B
R
N
C
E
M
O
11.
14.
g G
K
F
f
A
b
B
X
x
C
E
Y
c
y
Z
D
G
12.
K
A
F
I
L
H
C
13.
D
N
G
K
A
F
I
M
L
H
C
Mallet Sculp.

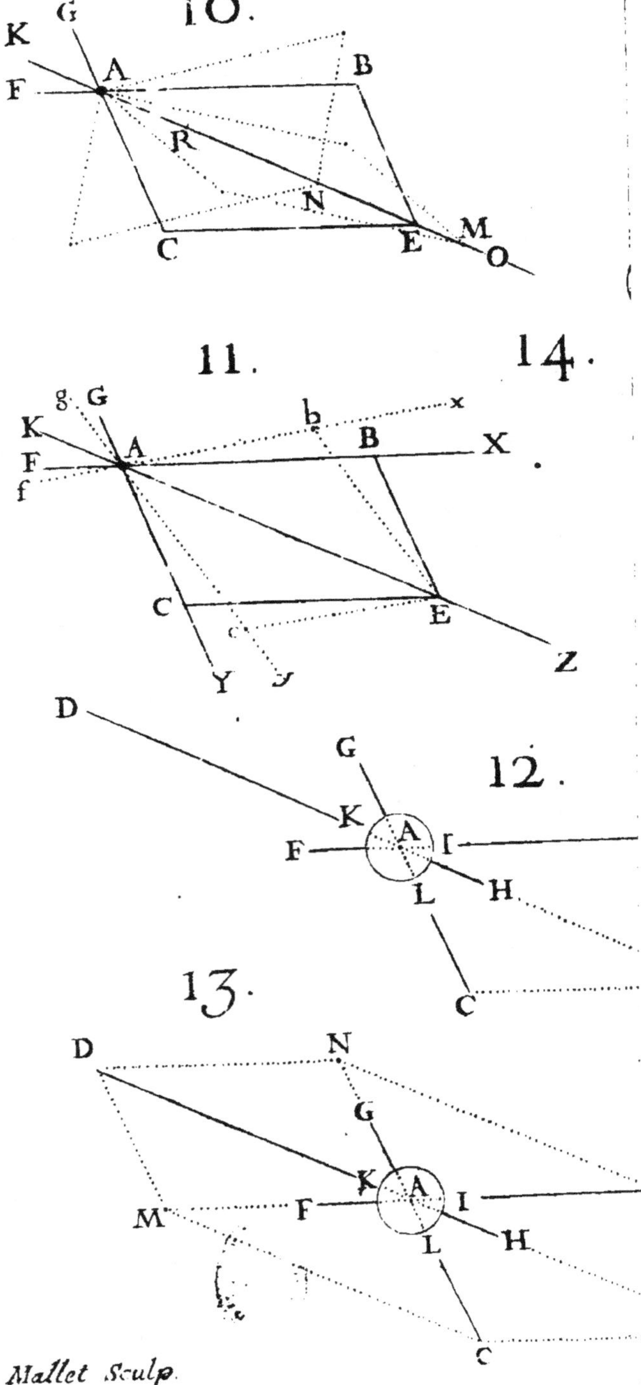

G change ou devient AP ou AQ (fig. 9) ou que l'angle BAC des directions diminuë, & devienne BAQ, ou augmente & devienne BAP, alors (P. 6) le mobile parcourera la diagonale AM, ou AN, du Parallelograme $ABMQ$, ou $ABNP$, laquelle approchera d'autant plus de la fomme AO, ou de la difference AR des deux côtés AB, AC ou AB, BE du Parallelograme BC, que l'angle BAC deviendra plus petit, ou plus grand que BAP ou BAQ; & qu'elle deviendra enfin cette fomme AO, ou cette difference AR, lorfque la direction AC de la force G, fe confondra avec la direction AB de la force F, & que le côté BE, ou BM, ou BN du Parallelograme BC ou BP ou BQ deviendra BO ou BR.

III. Et comme ces diagonales expriment toujours la quan-

tité de la force du mobile, il suit
1°. que lorfque les deux forces
F, *G* agiront conjointement fur
un mobile *A* & d'un même côté
F, felon une même direction
FA, le mobile, au lieu de l'efpace *AB* qu'il auroit parcouru
durant un certain tems, s'il n'a-
voit été mû que par la force F :
ou de l'efpace *AC* qu'il auroit
parcouru durant le même tems,
s'il n'avoit été mû que par la
force *G*, parcourra durant ce
même tems la fomme *AO* de
ces deux efpaces. 2°. Que lorfque les deux forces *F*, *G* feront
oppofées dans la même direction
FAB, *BAF* le mobile parcourra durant le même tems la
différence *AR* de ces deux efpaces. 3°. Que fi les forces *F*, *G*
font égales auquel cas les côtés
AB, *AC* ou *BE* du Parallelograme feront égaux, la difference *AR* devenant nulle, le

mobile demeurera en repos au point *A* , qui eſt tout ce qu'on a démontré (P. 5). Par où l'on voit , que cette Propoſition 5. n'eſt qu'un cas particulier de la Propoſition 6.

IV. Si les quantités des forces *F* , *G* (fig. 6) demeurant les mêmes , leurs directions *AG* , *AC* changent de telle ſorte, que la ligne *AZ* , ſoit toujours la diagonale prolongée du Parallelograme formé ſur ces directions; alors la direction de l'action conjointe des deux forces *F* , *G* (fig. 10) ne changera pas , mais ſa quantité augmentera ou diminuëra ſelon que l'angle *BAC* des directions des forces *F* , *G* ſera moindre ou plus grand , & elle deviendra *AM* ou *AN*; laquelle néanmoins ne peut augmenter ou diminuer que juſqu'au point de devenir égale à la ſomme *AO*, ou à la différence *AR* des côtés

D ij

A B, *A C*. Par la même raison qu'on ne peut conſtruire un triangle *A E B*, dont la baze *A E* feroit plus grande que la ſomme *A O*, ou moindre que la diffe-rence *A R* des deux côtés *A B*, *B E*.

V. Par où l'on voit 1°. que l'en-tiere détermination de l'action conjointe *K* de deux forces *F*, *G* ne dépend pas ſeulement de la quantité de ces forces, mais encore de la poſition de leurs directions. 2°. Que la raiſon pourquoi deux forces *F*, *G* qui produiſent toujours ſur le mo-bile tout l'effet dont elles ſont capables, ne produiſent pas tou-jours en lui une égale viteſſe, ne vient que de ce qu'une par-tie de chacune de ces forces, eſt emploïée à détourner le mobile des directions *A B*, *A C* de ces forces, & ſe détruit dans la pro-duction de cet effet. 3°. Que l'au-

tre partie de chacune de ces mêmes forces, emploïée à mouvoir
le mobile dans la diagonale *AE*,
doit par conséquent être d'autant moindre ou plus grande,
que ce détour, ou que l'angle
BAC, est plus ou moins grand.

VI. Si tout demeurant comme dans la Prop. 6. (fig. 6) on
mene par le centre *A* du mobile
une ligne quelconque *fAx* (fig.
11)& par un point *b* de *x*, la ligne
bE, & *gAy* parallele à *Eb*, &
Ec parallele à *Ab* : & qu'on
conçoive que le mobile soit
poussé par deux forces *f*, *g*, dont
l'une *f* soit capable de lui faire
parcourir *Ab* durant le tems *t*,
& l'autre *g* capable de lui faire
parcourir *AC* durant le même
tems *t*, on verra (P 6) que les
deux forces *f*, *g*, feront parcourir au mobile la même ligne
AE que les deux forces *F*, *G*
lui auroient fait parcourir du-

rant le même tems *t.*

D'où je conclus que de ce que les quantités *AB*, *AC* de deux forces *F*, *G*, & les pofitions *AX*, *AY* de leurs directions, déterminent la quantité *AE*, & la pofition *AZ* de la direction de l'action conjointe *K* de ces forces ; ce n'eft pas à dire pour cela que réciproquement les quantités *AB*, *AC*, & les directions *AX*, *AY* de ces mêmes forces *F*, *G*, foient abfolument déterminées par la feule connoiffance de la quantité *AE*, & de la direction *AZ* de la force *K.* Car quoique la force *K* puiffe bien être l'action conjointe des deux forces *F*, *G* ; cependant comme elle peut l'être également des deux forces *f*, *g*, toutes differentes des forces *F*, *G*, & d'une infinité d'autres prifes deux à deux ; puifqu'on a mené la ligne *Ax* à volonté, & qu'on a pris auſſi à volonté le point *b* de *Ax* pour mener *bE*, il s'enſuit que quoiqu'on ſoit toujours en droit de ſubſtituer à la place de l'action conjointe de deux for-ces *F*, *G*, une ſimple force *K* ; puiſqu'en effet les deux forces *F*, *G*, deviennent par leur con-jonction une ſeule force ſimple, avec laquelle le mobile ſe meut; il ne paroît pas que l'on puiſſe réciproquement décompoſer une force *K*, en lui ſubſtituant par imagination deux forces *F*, *G* capables de la produire, & regarder ces deux forces comme ſi elles étoient réelles dans la na-ture, & capables chacune en particulier d'y produire quel-que effet certain.

Ainſi à moins qu'on ne puiſſe déterminer d'ailleurs qu'une ſimple force *K* doive être décom-poſée, & décompoſée dans les deux forces *F*, *G* plutôt que dans les forces *f*, *g*, & autres semblables, je ne vois pas que l'on puisse le supposer. C'est pourquoi, comme on ne sauroit agir avec trop de réserve dans la détermination des élémens d'une science lorsque l'on veut que tout y soit démontré, ou exactement déduit d'un seul & même principe, sur-tout dans la Phisique, dont les principes ne peuvent être soumis à notre choix : je ne me servirai du principe général de la décomposition des forces, dont on fait un si grand usage dans la Phisique, & dans les Mécaniques, que dans les cas où cette décomposition pourra être exactement déduite des Propositions déja établies.

PROPOSITION VIII.

Deux forces emploïées à mouvoir un globe, feront équilibre, si elles sont égales & opposées dans une même direction qui passe par son centre. Autrement elles ne feront pas équilibre.

On dit que deux forces emploïées à mouvoir un mobile, font équilibre lorsque le mobile, nonobstant l'action de ces forces, demeure en repos ou sans mouvement. Or on a vû (P. 5) que lorsque deux forces F, G (fig. 5) emploïées à mouvoir un globe A, font égales & opposées dans une même direction FAB, GAC qui passe par son centre, le mobile demeure sans mouvement. Que si l'une de ces forces F (fig. 4) est plus grande que l'autre G, le mobile se meut dans la même direction AB. Qu'enfin si les directions de ces deux forces forment un angle quelconque BAC (fig. 6) ces forces, quand bien même elles seroient égales dans ce dernier cas, mou-

vroient le globe dans la diagonale *AE* du Parallelograme formé fur ces directions. Il eft donc
évident que ces forces ne feront
équilibre que lorfqu'elles feront égales & oppofées dans une
même direction *FAB*, *GAC*,

PROPOSITION IX.

Si deux forces font équilibre, &
qu'on fubftituë à la place d'une
de ces forces un point d'appui ca-
pable de foutenir fon effort, l'é-
quilibre fubfiftera.

Pofons que les deux forces
F, *G* (fig. 5) faffent équilibre,
& qu'au lieu d'une de ces forces *G* on pofe feulement un appui capable de foutenir tout
l'effort de la force *F*, & dans la
direction de la force *G*, je dis
que quoique cet appui n'ait aucune action vers *F*, le même
équilibre arrivera ; car le mobile

A ne pouvant fe mouvoir par l'action de la force *F*, que dans la ligne *XX*, ce qu'il ne peut faire à caufe de l'obftacle invincible que l'appui y met par la fuppofition, le mobile demeurera en repos : & l'appui foutiendra tout l'effort de la force *F*. Mais fi la direction de l'appui *G* n'eft pas dans la direction de la force *F*, il n'y aura pas équilibre ; par la même raifon qu'il n'y auroit pas équilibre entre les deux forces *F*, *G*, fi leurs directions n'étoient pas oppofées dans une même ligne droite. Donc &c. C.Q.F.D.

PROPOSITION X.

Trois forces dont les directions paffent par le centre d'un globe, feront équilibre lorfque leurs directions feront dans un même plan & qu'elles formeront un Parallelograme, dont les côtés, y compris la diagonale, étant dans ces di-

rections , feront entr'eux comme ces forces. Autrement elles ne feront pas équilibre.

Soient *F. G. H.* (fig. 12) trois forces dont les directions *AB*, *AC*, *AD*, passent par le centre *A* d'un globe, & faites que la ligne *AB*, prise à volonté, dans la direction de la force *F*, soit à la ligne *AC*, prise dans la direction de l'autre force *G*, comme la force *F* est à la force *G* ; Achevez le Parallelograme *BC*, & menez la diagonale *AE*, 1°. je dis que si la direction *AD* de la force restante *H*, est dans la diagonale *EAK*, & que prenant *AD* = *AE* les forces *F. G. H.* soient entr'elles comme les lignes *AB. AC. AD.* ou comme les côtés *AB. AC. AE* du Parallelograme *BC* formé sur les directions de ces forces ; c'est-à-dire , qu'aïant déja par consf-

truction *F. G :: AB. AC.* on ait
encore *H. F :: AD* ou *AE. AB*,
& *H. G :: AD* ou *AE. AC.* il
y aura équilibre entre les trois
forces *F. G. H.*

Car dans ce cas, l'action conjointe des deux forces *F*, *G* tendra (P. 6) à mouvoir le globe *A*
dans la diagonale *AE* avec une
force *K*, qui fera à la force *F*
comme *AE* à *AB*, & à la force
G comme *AE* à *AC*. Donc fi la
force *H* eft, comme on le fuppofe ici, dans les mêmes proportions avec les forces *F*, *G* ;
la force *H* fera égale à l'action
conjointe des deux forces *F*, *G*,
ou à la force *K*. Et fi outre cela,
comme on le fuppofe encore
ici, la direction *AD* de la force
H forme une même ligne droite avec la direction *KAE* de la
force *K*, ou de l'action conjointe des deux forces *F*, *G* ; la force
H (P. 8) fera équilibre avec la

force K, & par conféquent avec les forces F, G.

Et de même que dans l'é-quilibre des trois forces F, G, H, la force H fait équilibre avec les deux autres F, G ou foutient l'effort de leur action con-jointe K; de même auffi la force G foutiendra celui de l'action conjointe L des deux autres for-ces F, H. Et la force F foutien-dra celui de l'action conjointe des deux autres forces G, H; car en prolongeant les lignes BA, CA (fig. 13) vers M, N, de telle forte qu'on ait $AM = AB$, $AN = AC$, & menant les lignes BN DMC; ces lignes formeront d'une part le Parallelograme $ABND$ fur les directions AB, AD des forces F, H, dont l'ac-tion conjointe L aura pour di-rection la diagonale A , égale & oppofée directement à la force G; Et de l'autre part le Paralle-

logrâme *ACMD* fur les directions *AC*, *AD* des forces *G*, *H*,
dont l'action conjointe *I*, aura
pour direction la diagonale *AM*
égale, & oppofée directement à
la force *F*.

　2°. Je dis que fi la force *H*
n'eft pas avec les forces *F*, *G*
dans les mêmes proportions que
l'action conjointe *K* de ces deux
forces ; auquel cas la force *H*
fera plus grande ou plus petite
que la force *K*, ou que l'action
conjointe des deux forces *F*, *G* :
alors (P. 8) les forces *K*, *H*, ou
les trois forces *F*, *G*, *H*, ne feront pas équilibre. Et fi la direction *AD* de la force *H*, foit
qu'elle foit égale, plus grande,
ou plus petite que la force *K*,
ou que l'action conjointe des
deux forces *F*, *G*, n'eft pas com-
prife dans la diagonale *AE* du
Parallelograme *BC*, qui eft la
direction de l'action conjointe

des deux forces F, G, ou de la force K ; ou que cette direction AD forme un angle quelconque avec cette diagonale AE (ce qui peut arriver, quoique les directions des trois forces soient dans un même plan : mais ce qui arrivera toujours si la direction AD de la force H, n'eſt pas dans le plan BAC des directions AB, AC des forces F, G) alors (P. 10) les forces F, G, H, ne feront pas équilibre ; & le mobile ſe mouvra dans la diagonale du Parallelograme formé ſur les directions des forces K, H, leſquelles dans tous les cas ne feront pas dans une même ligne droite.

Donc à moins que les directions AB, AC, AD des trois forces F, G, H, 1° ne ſoient dans un même plan comme elles ſont ici dans le plan du Parallelograme BC. 2°. Qu'étant

prolongées

prolongées , elle ne forment les côtés *AB* , *AC* , *AE* d'un Parallelograme ; 3°. Et qu'elles ne foient entr'elles comme ces côtés *AB* , *AC* , *AE* ; elles ne feront pas équilibre.   Donc &c. C. Q. F. D.

REMARQUES.

Donc fi 3 forces *F* , *G* , *H* , font équilibre , elles cefferont de le faire , ou par le feul & moindre changement de la direction de l'une de ces forces ; ou fi une de ces forces fans changer fa direction , vient à augmenter ou à diminuer de la moindre quantité : à moins que les autres forces n'augmentent , ou ne diminuent à proportion , ou qu'elles ne changent auffi de direction.

Et lorfqu'on connoîtra les directions de trois forces *F* , *G* , *H* , appliquées au centre *A* d'un

E

globe, & que ces forces feront équilibre, on pourra toujours exprimer par lignes les rapports de ces forces, en prolongeant la direction *AD* de l'une de ces forces *H*, de l'autre côté du point *A* vers *E* ; & en menant d'un point quelconque *E* de ce prolongement la ligne *EB* parallele à la direction *AC* de l'une des deux autres forces *G*, laquelle coupera la direction *AB* de l'autre force en un point *B*.

Car en vertu de l'équilibre fuppofé, les forces *F*, *G*, *H* feront entr'elles comme les côtés *AB*, *BE EA* du triangle *AEB*, égaux aux côtés *AB*, *AC*, *AE* du Parallelograme *BC*, qu'on auroit pû achever en menant *EC* parallele à *AB*.

PROPOSITION XI.

Si trois forces F, G, H, *font équilibre, & qu'au lieu d'une de ce forces, comme* H *, on appofe un point d'appui invincible* H*, dans la direction de cette force ; le point d'appui* H *produira le même équilibre avec les deux autres forces* F *,* G *, que la force* H *y produiroit, & l'appui* H *foutiendra tout l'effort de l'action conjointe des deux forces* F *,* G*.*

Car l'appui *H* étant directement oppofé à l'action conjointe des deux forces *F* , *G*, dont la direction eft *AE* ; c'eft tout comme s'il l'étoit à une force *K* qui auroit pour direction la même ligne *AE*. Ainfi (Prop. 8) l'appui *H* faifant équilibre avec la force *K* , & foutenant tout fon effort, fera pareillement équilibre avec l'action conjointe des deux forces *F* , *G*, & en foutiendra tout l'effort. De telle forte que fi la réfiftance de l'appui *H*

n'étoit pas au moins égale à l'effort de l'action conjointe des
deux forces *F*, *G*, il n'y auroit
pas équilibre : mais l'appui *H*
peut être plus fort fans que l'é-
quilibre cesse ; parce que l'appui *H* n'aïant point de force
mouvante vers *D*, fa réfiftance,
quelque grande qu'elle foit ne
peut que s'oppfer, ou former
un obftacle entier à l'action qui
le preffe.

Il en fera de même, fi au
lieu de deux de ces forces *G*, *H*,
on appofe dans la direction de
ces forces, deux points d'appui
G, *H* : ces points d'appui feront
équilibre avec la force reftante
F. Car les forces qui font équilibre ne produifent cet effet que
par la réfiftance qu'elles fe font
mutuellement, & les points d'appui fourniffent cette même réfiftance.

PROPOSITION XII.

Si trois forces F, G, H font équilibre, & qu'au lieu de deux de ces forces comme F, G, on appose deux points d'appui invincibles f, g, dans les directions AB, AC de ces forces ; les points d'appui f, g, soutiendront des efforts égaux aux forces F, G. Et la force H se décomposera en deux forces égales aux forces F, G, dont la somme F+G sera plus grande que la force H.

Car si la résiſtance du point d'appui *g*, par exemple, n'étoit pas égale à la force *G*, & que néanmoins il y eût équilibre, il eſt clair qu'en poſant au lieu de l'appui *g*, une force égale à la résiſtance de l'appui, ſuppoſée moindre que la force *G*, il y auroit encore équilibre. Ainſi les forces *G*, *H*, qui par la suppofition font équilibre avec la force *F*, & par la Prop. précéd. avec l'appui *F* ; feroient équilibre avec une force moindre que *G* , ce qui (Prop. 9) eft impoffible. Les points d'appui foutiennent donc des efforts égaux aux forces *F* ,*G*. D'où il fuit que l'action de la force *K* fe décompofe dans ce cas en deux forces égales aux forces *F* ,*G* , dont les directions font dans les mêmes lignes droites *AM* , *AN* que les directions *AB* , *AC* des forces *F* ,*G* ; & dont la fomme qui égale la fomme des forces *F*+*G* eft plus grande que la force *H*. Donc &c. C. Q. F. D.

REMARQUES.

Il eft donc démontré qu'une force peut être décompofée en deux autres, dont la fomme eft plus grande que cette force. Mais il eft vrai auffi, qu'elle ne peut l'être que par l'oppofition de quelque réſiſtance , & que d'une façon déterminée ; & non en vertu d'un principe général de la décompoſition des forces qui nous laiſſeroit le choix de la décompoſer d'une infinité d'au-tres façons.

PROPOSITION XIII.

Si deux globes homogenes A , B *(* fig. 14 *) ſe mouvant dans une ligne droite qui paſſe par leurs centres, ſe choquent ; ces mobiles après le choc iront enſemble dans la même ligne droite : ou avec la Somme des forces qu'ils avoient avant le choc, lorſque leurs directions ſeront de même ſens ; ou avec la Difference de ces mêmes forces, lorſque leurs directions ſeront en ſens contraires.*

Pour ne pas trop embraſſer de difficultés à la fois, je fais ici abſtraction de tous les effets particuliers que la reſiſtance du milieu la figure, la peſanteur, la diſpoſition des parties des mobiles, pourroient cauſer dans le choc, en s'affeſſant & reprenant enſuite leurs premieres diſpoſitions. En un mot je ſuppoſe ici que les Corps qui ſe choquent ſont parfaitement durs, ou qu'ils ne changent point de figure en ſe choquant, qu'ils ſont ſphériques, & que le milieu dans lequel ils ſe meuvent n'apporte aucun obſtacle à leurs mouvemens.

Et je dis que ſi un tel globe *A* partant du point *E*, & ſe mouvant uniformément vers *F* dans la droite *EF*, qui paſſe par le centre *B* d'un autre globe de pareille condition que *A*, rencontre le globe *B*, ou en repos en *B*, ou qui ſe meut en même tems que *A* d'un point quelconque

que *G* ou *F* de la même ligne
EF en *B*, on verra clairement
que tout ce qui eſt arrivé de
nouveau à ces mobiles au moment qu'ils ſe ſont rencontrés,
eſt que ſe mouvant aupavavant
chacun à part, ils ſe ſont réunis
au moment de leur rencontre,
de leur impulſion, ou de leur
choc ; & n'ont fait dès-lors qu'un
ſeul corps pouſſé par deux forces dans une même ligne droite,
qui paſſe par leurs centres. D'où
il ſuit (P. 5) qu'à l'inſtant du
choc ces mobiles doivent aller
enſemble dans la même ligne
EF, ou avec la Somme des forces qu'ils avoient de même
part avant le choc ; ou avec la
Difference de ces mêmes forces,
ſi leurs directions étoiens en ſens
contraires, qui eſt tout *C. Q. F. D.*

Ainſi 1°. ſi le mobile *A* avec
10 . de force de *E* vers *F* , choque le mobile *B* en repos. Les

F

1 0^d. de force du mobile *A*, qui dans ce cas font la Somme entiere des forces des deux mobiles avant le choc, se distribueront également dans toutes les parties de la masse commune de ces corps, & ils iront ensemble vers *F* avec ces 10^d. de force.

2°. Si le mobile *A* aïant toujours 10^d. de force, avant le choc, de *E* vers *F*, le mobile *B* en a 2^d. de même sens, ou de *G* vers *F* ; ils iront ensemble, après le choc, vers *F*, avec la Somme 10 + 2 ou 12^d. de la force qu'ils avoient avant le choc.

3°. Si le mobile *A* aïant toujours 10^d. de force de *E* vers *F*, avant le choc, le mobile *B* en a 3^d. en sens contraire, ou de *F* vers *E* ; les 3^d. de force de *B*, & 3^d. de force de *A* se détruiront mutuellement. Et ils iront ensemble, après le choc, vers *F*, avec les 7^d. de force qui restent, ou

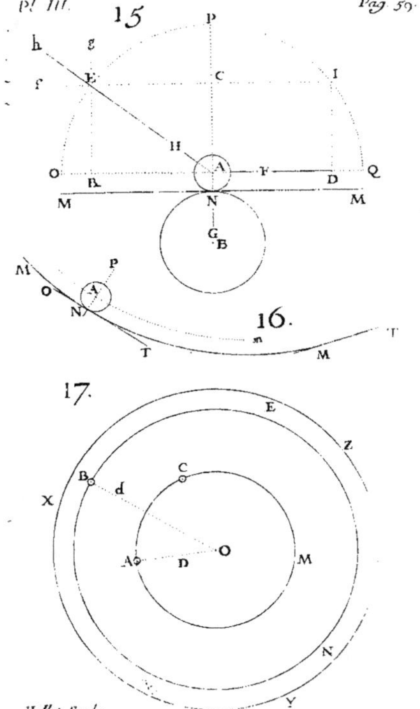

Pl. III.
Pag. 59.
15
16.
17.
Mallet Sculp.

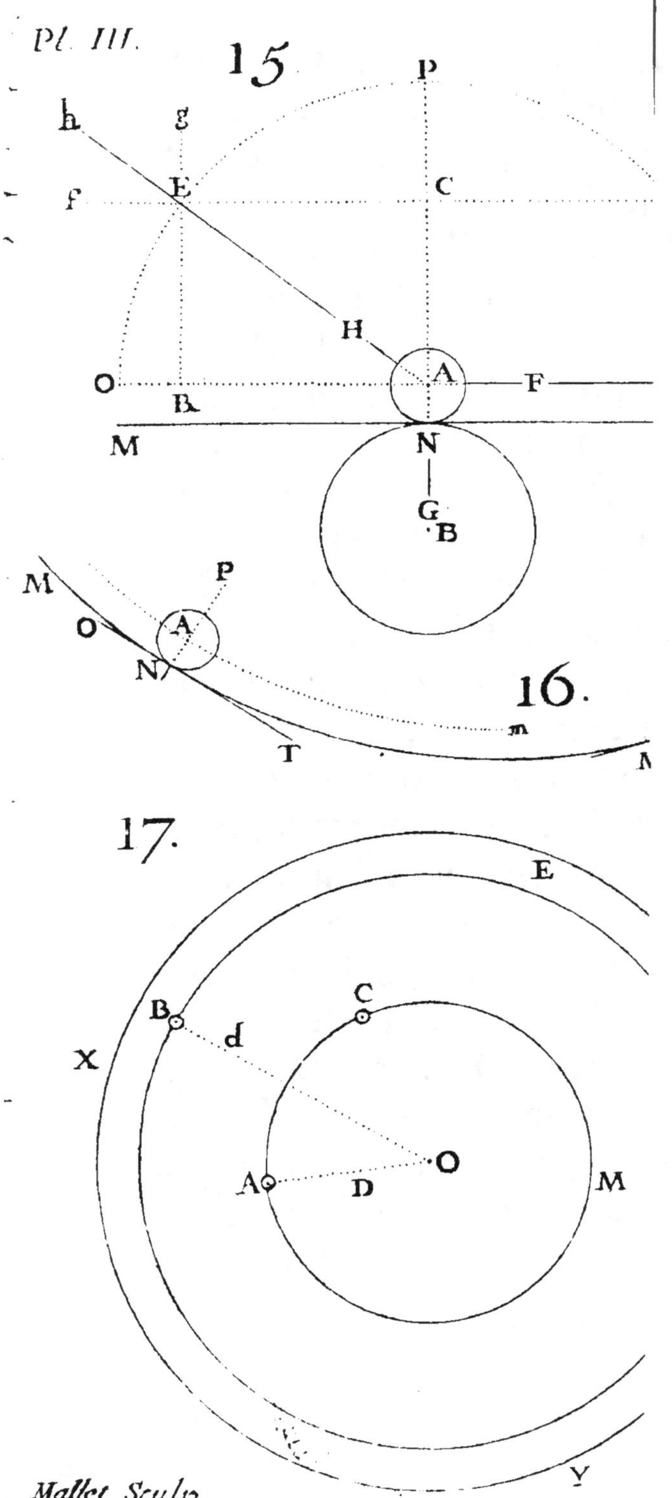

Pl. III.
15
16.
17.
Mallet Sculp.

avec la différence 10—3 ou 7^d.
des forces 10, 3, qu'ils avoient
avant le choc.

4°. Si le mobile *A* aïant toujours 10^d. de force de *E* vers *F*,
avant le choc, le mobile *B* en a
pareillement 10. en sens contraire, ou de *F* vers *E* ; les mobiles, après le choc, demeureront
en repos en *A*, *B*, & leurs forces
se détruiront mutuellement. Car
dans ce cas la différence 10—10
des forces des mobiles avant le
choc est égale à zero.

Et l'on verra dans la suite, que
cette destruction des forces contraires par le choc ne nuit point
à la construction générale de
l'Univers, & n'empêche pas que
la même quantité de force que
la matière a pû recevoir dès le
commencement, n'y puisse demeurer, par la disposition que
toutes les parties de la matiere

auront pû recevoir dès le commencement.

On donnera aussi dans la suite le détail de cette loi du choc dans tous les cas particuliers ; mais il faut remarquer que par la force d'un corps on entend selon la Prop. 3. non sa vitesse toute seule, mais le produit de sa vitesse par sa masse.

PROPOSITION XIV.

Si un Globe A *(fig. 15) se mouvant uniformément dans une ligne droite* P B *, perpendiculaire à un plan inébranlable* M M *, rencontre ce plan en un point* N *; le mobile* A *demeurera en repos au point* N *, & ne tendra ni à s'en retourner au point* B *, ni à s'éloigner du plan* M M *de quelque côté que ce soit.*

Supposons d'abord que ce n'est pas le plan *MM* que le mobile *A* frape en *N*, mais que c'eſt un globe dont le centre *B* eſt dans la direction *PAN*. Il eſt clair que ſi le globe *B* eſt égal au globe *A* ; la force du mobile *A* au moment du choc ſe diſtribuant également (P. 13.) dans toute la maſſe des deux mobiles égaux *A*, *B* ; le globe *A* ne retiendra en *A* que la moitié de la force, & de la viteſſe qu'il avoit en *P* ; & que l'autre moitié de eette force, ſe répendant également dans la maſſe du corps *B*, lui procurera une viteſſe égale à celle que le corps *A* a retenuë.

Si le globe *B* eſt double de *A*, le mobile *A* ne retiendra en *A* que le tiers de la force & de la viteſſe qu'il avoit en *P*, & les deux autres tiers de ſa force ſe répendant également dans la maſſe du corps *B*, lui procureront une viteſſe égale à celle que le corps *A* a retenuë; puifque dans ce cas il faut autant de force pour mouvoir la moitié du corps *B* égal à *A*, que pour mouvoir *A* avec la même viteſſe.

Si le globe *B* eſt triplede *A*, le mobile *A* ne retiendra en *A* que le quart de la force & de la viteſſe qu'il avoit en *P*; & *B* n'acquerrera pas plus de viteſſe que *A*. Et ainſi de ſuite.

D'où il ſuit clairement, que ſi le globe *B* eſt infiniment grand par rapport au globe *A*, (auquel cas la ſuperficie de *B* deviendra la plan *MM* ſur lequel *PB* ſera perpendiculaire, car un plan ne peut être phiſiquement inébranlable que de cette façon; c'eſt-à-dire, qu'entant qu'il eſt la ſuperficie d'un corps infiniment grand) il ſuit, dis-je, clairement que le mobile *A* parvenu de *P* en *A*, & frappant en *A* le globe infiniment grand *B*, ou le plan inébranlable *MM* ; perdra , à une quantité infiniment petite près , toute fa force & fa vitefse; & demeurera comme en repos au point d'attouchement *N* : Et que le même corps *A* poussera le plan *MM* dans la direction *PN* , perpendiculaire au plan , & lui communiquera toute cette même force fans lui procurer dans cette même direction plus de vitefse qu'il n'en retient.

Et bien loin que le mobile *A* parvenu de *P* en *A* , reçoive après l'impulfion aucune force , vitefse, ou tendance vers *P* , ou vers *F* , ou vers *I* , capable de l'éloigner du plan *MM* ; on voit que s'il a encore quelque mouvement , la direction de ce mouvement tend plûtôt vers *B* que vers *P* , ou vers aucun de ces autres points.

Il faut donc conclurre, fuivant les loix générales du choc que nous venons d'établir, qu'il n'y a point de cause de reflection, ou de mouvement en arriere, dans l'impulsion d'un corps *A*, quelque petit qu'il soit, contre un corps *B*, quelque grand qu'il puisse être ; Et qu'on doit par conséquent regarder la reflection comme un effet composé, qu'il faut déduire ; ce que nous ferons dans la suite. Donc &c. C. Q. F. D.

PROPOSITION XV.

Si un Globe se mouvant uniformément rencontre un Plan inébranlable dans une direction oblique au plan. Sa force ou sa vitesse avant le choc étant representée ou exprimée par le sinus total : 1°. La force avec laquelle il frapera le plan sera representée par le sinus de l'angle d'incidence. 2°. La force ou la vitesse qui lui demeurera après le choc par le

finus de l'angle de complement.
3°. La force ou la viteſſe qu'il
perdra , par le ſinus verſe: Et ces
forces auront ces ſinus pour dire-
ction & ſeront entr'elles comme
ces ſinus.

1°. Soit *A* (fig. 15) un globe qui ſe mouvant uniformément dans une ligne droite *a A* , rencontre en *N* un plan inébranlable *M M* , avec une force *H*, dont la direction *h A* paſſe par le centre *A* du mobile , & eſt oblique au plan *M M.*

Par le point d'attouchement *N*, & le centre *A* du mobile, ſoit la droite *N A P* qui ſera perpendiculaire au plan touchant *M M.* Et d'un point quelconque *E* de *h A*, ſoit *E C* perpendiculaire ſur *A P*, & *A D* parallele & égale à *E C.*

Je dis d'abord, que le mobile *A* frapera le plan *M M* au point

N avec une force dont la direction sera CAN, & qui sera à la force H du mobile avant le choc, comme CA à EA; ou comme si le mobile partant du point C, & parcourant la perpendiculaire CA sur le plan MM, en un tems égal à celui qu'il emploie à parcourir EA, avoit frapé ce plan au point N. Et qu'il continuëra à se mouvoir uniformément dans la ligne AD avec une force qui sera à la force H du mobile avant le choc comme EC ou $AD=EC$, est à EA.

Car le mobile se mouvant de E en A, & rencontrant le plan MM au point N, qui lui fait obstacle, ou qui lui sert de point d'appui, frappera ce plan avec une certaine force, que l'appui N soutiendra & que je nomme C. Et la direction NAP de l'appui N, n'étant pas dans la direction AE du mouvement du mobile, ou de la force H, le mobile (P. 5) continuëra de se mouvoir après le choc, dans une direction encore inconnuë avec une certaine force que je nomme R ;

Mais (P. 14) un mobile qui choque un plan, ne recevant aucune force capable de l'éloigner de ce plan ; le mobile A frapant le plan MM, ne pourra continuer à se mouvoir après le choc, que dans une ligne quelconque AQ parallele au plan MM.

Soit donc une force F égale à la force R du mobile après le choc, & opposée directement à cette force , ou dont la direction soit QAO ; & par conséquent (Prop. 8) capable d'arrêter le mobile au point A & de faire équilibre ; & au lieu du point N du plan MM, qui sert d'appui dans cet équilibre, soit la force G, dans la direction NAP, qui passe par le point d'appui *N*, & par le centre *A* du mobile, & qui eſt par conſéquent perpendiculaire au plan *MM*. Et l'on verra que les trois forces *F*, *G*, *H*, ne pouvant faire équilibre (P. 10) qu'elles ne ſoient dans un même plan ; il eſt néceſſaire que la direction *QAO* de la force *F*, ſoit dans le plan qui paſſe par les directions *EA*, *AP* des forces *H*, *G*, & qu'elle ſoit par conſéquent parallele à *EC*. Donc la direction *QAO* de la force *F*, & par conſéquent la direction *AQ* du mouvement *R* du mobile après le choc eſt parallele à *EC*. Donc menant *ER* parallele à *AC*, & perpendiculaire ſur le plan *MM*, la direction *AO* de la force *F* coupera *ER* en un point *R*, & achevera de former avec *EC* un Parallelograme *RC* ſur les directions *AC*, *AR*, *AE* des forces *F*, *G*, *H*.

Or (P. 10) les forces F, G, H ne peuvent faire équilibre, qu'elles ne foient entr'elles comme les côtés du Parallelograme RC, formé fur leurs directions. Donc la force G. H :: AC, AE, & F. H :: AR, AE.

Donc la force C avec laquelle le mobile fe mouvant dans la ligne EA, frappe le plan au point N, & qui eft égale à la force G (puifque (P. 11.) fubftituant à cette force G un point d'appui N dans la même direction, l'équilibre fubfifte, & que le point d'appui foutient le même effort) la force C, dis-je, eft à la force H du mobile avant le choc, comme AC eft à AE.

Donc encore la force R, que le mobile conferve après le choc, (& qui eft égale à la force F, & oppofée dans la même direction, AQ) fera à la force H du mobile avant le choc, comme AR

ou son égale $AD = EC$, est à
AE.

Donc le mobile parvenu de
E en A, frapera le plan MM en
un point N, avec une force égale
à celle avec laquelle il l'auroit
frapé en partant du point C, &
parcourant CA dans le tems qu'il
a parcouru EA ; & qui sera à la
force du mobile avant le choc,
comme CA à EA. Et le même
mobile après le choc se mouvra dans la ligne AQ parallele
à EC, & parcourra $AD = EC$
dans un tems égal à celui qu'il
a emploïé à parcourir EA avant
le choc. Et par conséquent avec
une force ou vitesse qui sera à
la force ou à la vitesse H du mobile avant le choc comme AD
ou EC est à EA.

2°. Du point A, comme centre, & de l'intervale AE pris à
volonté dans la ligne hA, soit
dans le plan qui passe par les li-

gnes *EAP*, & qui eſt perpendiculaire ſur le plan *MM*, une
circonférence de cercle qui coupera aux points *O*, *Q* la ligne
RAD, parallele au plan *MM*
& qui paſſe par le centre *A* du
mobile parvenu en *A*; la ligne
AC au point *P*; & la ligne *EC*
au point *I*, d'où menez *ID* parallele à *ER*.

    EAO eſt ce que l'on nomme
l'angle d'incidence, dont *ER*, ou
CA, ou *ID* eſt le ſinus. *EAP* eſt
l'angle de complement dont *EC*,
ou *AR*, ou *AD* eſt le ſinus. *RO*
ou *DQ*, eſt le ſinus verſe; &
EA ou *OA*, ou *AQ*, eſt le
raïon ou le ſinus total. Cela poſé
1°. il eſt clair que la force *H* du
mobile, avant le choc, eſt à la
force *C* avec laquelle il frape le
plan au point *N*, comme le ſinus
total *EA* eſt au ſinus de l'angle
d'incidence *CA* ou *ER*. Ainſi
H. C :: *EA. CA*.

2°. Que la même force ou vitesse *H*, est à la force ou vitesse *R*
que le mobile conserve après le
choc : comme le sinus total *E A*
est au sinus de complement *A R*
ou *E C* ou *A D*. Ainsi *H. R ::*
E A. A D.

3°. Que le sinus verse *R O* ou
D Q est la difference de la vitesse *E A*, ou *A Q* du mobile
avant le choc, à sa vitesse *A D*
d'après le choc ; d'où il suit que
la même vitesse *H* est à la vitesse
que le mobile a perdu par le
choc comme le sinus total *E A*
est au sinus verse *D Q*.

3°. Que le sinus *C A* de l'angle
d'incidence est la direction de la
force, par laquelle le mobile
frape le plan. Et que le sinus de
complement *A D* est la direction
de la force ou vitesse du mobile
après le choc. Donc &c. C. Q.
F. D.

REMARQUE.

REMARQUE.

On voit par tout ce que nous venons de dire, 1°. que dans cette rencontre la force *H* ou *h* du mobile *A* avant le choc s'est réellement décomposée dans les deux forces *C*, *R*, ou *f*, *g*, dont l'une *f* seroit capable de le mouvoir de *E* en *C*, & l'autre *g*, de *E* en *R*, dans le tems que la force *h* le mouvroit de *E* en *A*. Et que c'est par la force *g*, que le mobile frape le plan, & par la force *f*; qu'il continuë à se mouvoir selon *AD*. Mais que c'est en vertu du choc, & d'un tel choc, & non pas en vertu d'une loi générale & indéterminée, que cette décomposition de force s'est faite, & s'est faite d'une telle maniere plûtôt que de toute autre. Ce qui est général pour tous les cas; de telle sorte que la décomposi-

G

tion du mouvement, ne peut être regardée que comme un cas de la loi générale du choc que Dieu a étabi, & qu'il suit constamment, & que cette décomposition est toujours déterminée par le choc.

Si bien que dans le mouvement EA d'un mobile par rapport à un plan N, qu'il doit frapper obliquement, il y a deux quantités de forces à considerer ; l'une g, par laquelle il s'approche du point N, & l'autre f par laquelle il ne s'en approche pas. 2°. Que la direction & la quantité de la force g par laquelle le mobile s'approche du point N, doit être mesurée par la perpendiculaire ER sur le plan MM, qui touche le mobile au point N.

3°. Que la direction & la quantité de la force f, par laquelle le mobile ne s'en approche pas, doit

être mesurée par la ligne *EC*, parallele au plan *MM*, & perpendiculaire à la ligne *NAC*, qui passe par le point *N*, & par le centre *A* du mobile, & qui est parallele à *ER*.

4°. Que la force *g* doit se détruire en *A* lorsque le point *N* est immobile. Mais que la force *f* par laquelle le mobile n'a pas frapé le point *N*, doit demeurer après le choc dans le mobile.

Et voilà enfin où se réduit le principe de la décomposition des forces, que le choc produit nécessairement, selon les loix expliquées jusqu'à present, & déduitesgéométriquement du principe posé dans la Prop. 2. C'est ainsi apparemment que les Phisiciens l'ont entendu, quoiqu'ils l'aïent proposé sous une expression qui me paroît trop générale, & qui peut conduire e erreur.

G ij

En effet on a démontré (P. 12)
que par la loi de la décompofi-
tion du mouvement, la force
du mobile avant le choc, augmente après le choc ; or cette
augmentation de force ne pouvant procéder que de la toute
puiffance de l'agent qui execute
les loix du choc qu'il a établies,
ces loix ne peuvent être étenduës au-delà des bornes qu'il a
prefcrites. Nous ne pouvons
donc les généralifer à volonté,
en établiffant pour principe que,
dans chaque cas, le mouvement
d'un mobile peut être indiffe-
remment décompofé d'une infinité de façons, s'il fuffit de dire
qu'il n'y peut être décompofé
que d'une feule déterminée par
le choc ; car il ne faut pas multiplier les principes fans néceffité.

Fin de la premiere Leçon.

LEÇON II.

DES
LOIX GENERALES
DU MOUVEMENT

En ligne courbe, & des proprietés du Tourbillon.

PROPOSITION I.

Un Globe A (fig. 16) contraint de se mouvoir le long d'une ligne courbe MM, 1°. ne perdra de sa vitesse, sur chacun des points N de la courbe, qu'une quantité infiniment petite du second ordre. 2°. Frapera ou pressera chacun des points de la courbe, avec une force infiniment petite du premier ordre, dont la direction sera la perpendiculaire PN *, sur la tangente* N*I de la courbe en ce point.* 3°. *Et continuëra de se mouvoir uniformément dans la courbe, avec la même vitesse.*

SOient d'abord E*A*, *A*Q (fig. 15) deux côtés de suite d'un poligone quelconque, dont l'angle externe E*AO*, soit un angle rectiligne fini ; & dans le plan du poligone, soit au point *A*, la ligne C*A* perpendiculaire sur le côté *A*Q. Et supposons que le centre *A* d'un globe après avoir parcouru uniformément un de ces côtés E*A*, rencontre au point *A* un plan inébranlable, *MM*, qui touche le globe au point *A*, par où passe la perpendiculaire C*A*, lequel (P. 15. 1) le détourne de la ligne droite E*A* dans la ligne *A*Q : ou qui

le retient dans la circonférence du poligone EAQ. Du point A comme centre, & de l'intervale AE, soit dans le plan du poligone, la demie-circonférence OEQ, EI parallele à AQ; & ER, ID, perpendiculaires sur OQ.

Il est clair (Prop. 15) 1°. que le mobile parvenu de E en A, décrira uniformément la partie AD du côté AQ, dans un tems pareil à celui qu'il a emploïé à parcourir EA. 2°. Qu'il pressera le plan MM avec une force, qui sera à la force qu'il a avant le choc comme CA est à EA. 3°. Que EA ou AO exprimant sa premiere vitesse; AD ou AR exprimera sa seconde vitesse, DQ ou AO l'excès don la premiere vitesse surpasse la seconde, & CA, ID ou ER la force dont le mobile presse le plan au point N.

Or une courbe MM. (fig. 16)

pouvant être considerée comme un Poligone *E A Q* (fig. 15.) d'une infinité de côtés, dont les angles *E A Q* qu'ils forment à la circonférence, different infiniment peu de deux angles droits, ou dont l'angle externe *E A O*, ou *M N O* (fig. 16) est infiniment petit, ou moindre qu'aucun angle rectiligne donné ; on voit qu'afin que les côtés *E A*, *A Q* (fig. 15.) du Poligoge *E A Q*, deviennent les côtés d'une courbe *M M*, (fig. 16.) on n'a qu'à concevoir qu'ils font infiniment petits, & que le prolongement *A O* du côté *Q A* est la tangente à la courbe qui forme avec l'autre côté *A E* l'angle de contingence *E A O*, ou *M N O* (fig. 16.) qu'on démontre en Géométrie être infiniment petit, ou moindre qu'aucun angle rectiligne donné ; d'où il suit que son sinus *E R* fera un infiniment petit

du

du premier ordre , par rapport
au finus EC ou AR ou AD de
fon complement EAP, qui dans
ce cas ne differe d'un angle droit
que d'une quantité infiniment
petite ; & qu'enfin le point N du
plan MM, eft le point de la
courbe qui retient le centre du
mobile dans la courbe EAQ,
qu'il décrit, & dont tous les côtés MM font paralleles chacun
à chacun aux côtés AQ, AE de
la courbe EAQ.

Et à caufe de la demi-cir-
conférence OEQ, aïant OR.
$RE :: RE . RQ$. on voit que de
même que (dans le cas que le
poligone EAQ eft une courbe) RE eft infiniment petit par
rapport à RA, ou RQ, OR fera
infiniment petit par rapport à
RE.

Donc OR ou DQ (qui ne
ceffe pas dans ce cas d'exprimer
toujours l'excès de la premiere

H

viteſſe *E A* du mobile ſur la ſeconde *A R* ou *A D*), eſt un infiniment petit du ſecond ordre ,
par rapport à *R A* ou *A D* , qui
ne ceſſe pas auſſi dans ce même
cas d'exprimer la ſeconde viteſſe *A D* du mobile.

Donc dans le mouvement
d'un mobile *A* (fig. 15) le long
d'une courbe *E A Q* , l'excès de
la viteſſe du mobile le long d'un
des côtés infiniment petits *E A*
de la courbe , ſur la viteſſe du
même mobile le long du côté
ſuivant *A Q* , n'eſt qu'un infiniment petit du ſecond ordre par
rapport à ces viteſſes.

Donc quoique le nombre des
côtés infiniment petits d'une
courbe *M M* (fig. 16) ſoit infini
le mobile *A* ne perdra de ſa viteſſe en les parcourant tous ,
quelque longue que puiſſe être
la courbe , qu'une quantité infiniment petite du premier or-

dre, & qu'on est en droit de né-
gliger.

Donc enfin un mobile décrivant une courbe quelconque,
parcourra toujours, en tems
égaux, des portions égales de la
courbe ; où le mobile s'y mouvra uniformément, comme il
le feroit dans une ligne droite,
à moins que quelque cause, autre que la vitesse qu'il a acquise
dès le commencement, n'augmente ou ne ralentisse son mouvement.

Et la ligne ER ou CA, qui exprime la force par laquelle le
mobile arrivé au point A presse
le plan MM, étant perpendiculaire sur le plan, lequel est parallele à la tangente AO de la
courbe ; Et cette même ligne
ER étant en même tems un infiniment petit du premier ordre
par rapport à RA ou AD, qui
exprime sa vitesse ; Il est clair

que le mobile preſſera chaque point *N* de la courbe par une force infiniment petite du premier ordre par rapport à ſa viteſſe, & dont la direction *CAG* ſera perpendiculaire à la tangente de la courbe en ce point. Donc &c. C. Q. F. D.

REMARQUE.

Il faut ici bien remarquer que ce n'eſt pas par la force que le mobile reçoit de la viteſſe avec laquelle il continuë à décrire la courbe, ni ſelon la direction de cette force qui eſt la tangente à la courbe en ce point, que le mobile preſſe chacun des points de la courbe ; mais que c'eſt uniquement par la force avec laquelle il fraperoit un plan qui toucheroit la courbe en ce point, & dont la direction de cette viteſſe ſeroit (Prop. 15. 1) perpendiculaire ſur ce plan ;

comme ce n'eſt pas par la force que la viteſſe *EA* donne au mobile, que le mobile preſſe le plan *MM*, ni par celle que ſa viteſſe *AD* lui donne, à laquelle le plan ne s'oppoſe en aucune ſorte, ni ſelon les directions *EA*, *AD* de ces viteſſes; Mais que le mobile preſſe le plan *MM* uniquement par la force *ER* ou *CA*, dont la direction eſt perpendiculaire au plan *MM*, & qui diminuë d'autant plus, que l'angle d'incidence *EAO* eſt plus petit. Car ce qui arrive au mobile qui décrit une courbe, n'eſt qu'un cas particulier de ce cas général.

Ainſi quoiqu'il doive arriver qu'un mobile (fig. 16) parvenu à l'extrémité d'une courbe *MNM* & n'étant plus retenu par la courbe, décrive la tangente *MT* de cette courbe au point *M*, ainſi que nous l'avons remarqué

(Prop. 3. 1) il eſt néanmoins évident que pendant tout le tems
que le mobile décrit la courbe ,
ce n’eſt pas immédiatement par
la tendance qu’il a à décrire la
Tangente de la courbe, ni dans
la direction de cette tangente
qu’il preſſe la courbe, mais bien
dans la direction de la Perpendiculaire à la tangente de la courbe en ce point, ce qu’il faut
bien remarquer.

Or quoique toutes les perpendiculaires aux tangentes d’une
courbe n’aboutiſſent pas ſouvent
à un même point , cependant
comme il y a quelques courbes
qui ont cette proprieté, & qu’a-
lors le mobile en les décrivant
tend ſans ceſſe à s’éloigner de ce
point, ou de ce centre ; c’eſt la
raiſon pour laquelle on nomme
la force avec laquelle un mobile
preſſe une courbe qu’il décrit

Force centrifuge.

PROPOSITION II.

*Un Mobile qui décrit une Circon-
férence de cercle, tend à chaque
point à s'éloigner du Centre de ce
cercle avec une égale force.*

Soit A un mobile qui se meuve dans la circonférence AMC
(fig. 17) dont O est le centre, il
faut démontrer qu'à tous les
points A, M, C de cette circonférence, le mobile tendra
à s'éloigner du centre O avec
une égale force.

Nous venons de voir (P. I.)
qu'un mobile qui décrit une ligne courbe conserve toujours
une égale vitesse : Que la direction de sa force centrifuge à
chaque point de la courbe est
perpendiculaire à la tangente en
ce point, & qu'elle est égale au
sinus de l'angle de contingence
en ce même point.

H iiij

Or 1°. une circonférence de cercle étant une ligne courbe, il eſt clair que le mobile en ſe mouvant dans cette circonférence aura par tout une égale viteſſe.

2°. La perpendiculaire à la tangente d'un cercle paſſant toujours par le centre de ce cercle, le mobile tendra dans tous les points de ſa circulation à s'éloigner de ce centre dans la direction du raïon OA.

3°. Et un cercle pouvant être conſideré comme un poligone régulier, compoſé d'une infinité de petits côtés égaux, & qui forment l'un avec l'autre des angles égaux; tous les angles externes du poligone, où les angles de contingence du cercle ſeront égaux, & par conſéquent tous les ſinus de ces angles ſeront auſſi égaux : il eſt donc clair que la force centrifuge d'un mobile,

qui fe meut dans une circonférence de cercle, fera par tout
la même. Donc &c. C. Q. F. D.

PROPOSITION III.

La force centrifuge d'un globe qui fe meut dans une circonférence de cercle eft égale au quarré de fa viteffe divifé par le raïon, ou la diftance au centre de fon mouvement $F = \frac{VV}{D}$.

Soit A un globe qui fe meut dans la circonférence AMC (fig. 17) d'un cercle dont O eft le centre, & OA le Raïon. Je dis que nommant F, fa force centrifuge, V fa viteffe, & D fa diftance AO, au centre O; on aura dans tous les cas $F = \frac{VV}{D}$.

Pour le démontrer il faut bien remarquer 1°. Que tous les Cercles pouvant être confiderés comme des Poligones réguliers & femblables, terminés par une infinité de petits côtés ; on doit nécessairement concevoir qu'il y a autant d'angles & de côtés qui composent une circonférence quelconque *AMC*, qu'il y en a qui composent une autre circonférence aussi quelconque *BNE*; mais que les côtés de la grande circonférence sont d'autant plus longs que ceux de la petite, que le Raïon *BO* est plus long que le Raïon *AO*; Et que non-seulement les angles que forment ces petits côtés, sont égaux entr'eux, dans chacune de ces circonférences; mais aussi que les angles dans la circonférence *AMC*, sont égaux aux angles dans la circonférence *BNE* ; Puisqu'autrement ces circonférences ne seroient pas des Poligones semblables.

2°. Que la force avec laquelle un mobile qui frape un plan *MM* (fig. 15) dans une certaine direction oblique *E A* est d'autant plus grande que sa vitesse est plus grande ; puisque (P. 15. 1) l'angle d'incidence *E A O* demeurant le même, la force avec laquelle le mobile frapera le plan au point *N*, sera toûjours à sa vitesse selon *E A*, comme *C A* est à *E A*. Ainsi si la vitesse du mobile selon *E A* devient double, triple, &c. sa force selon *C A* deviendra aussi double, triple &c.

3°. Mais que la longueur des côtés d'un Poligone n'augmentera ni ne diminuëra pas la force centrifuge du mobile, pourvû que sa vitesse & les angles du Poligone demeurent toûjours les mêmes ; par la raison que la force avec laquelle le mobile frape le plan *M M*, n'augmente ni ne diminuë pas , soit que le mobile vienne du point *H* , ou qu'il vienne du point *E* , pourvû

que l'angle *EAQ*, & la vitesse
du mobile soient les mêmes.

4°. Enfin que la vitesse d'un
mobile qui circule étant par
tout égale, sa force centrifuge
sera d'autant plus grande, à chaque point qu'il frapera plus souvent en tems égal, la circonf.
qui le retient : ou qu'il décrira
en tems pareil un plus grand
nombre d'angles ou de côtés du
Poligone infinitaire , que l'on
prend ici pour le cercle. Parce
qu'alors il fait d'autant plus
d'efforts en tems égal pour s'é-
loigner du centre , qu'il passe
plus souvent d'un côté du Poligone dans l'autre.

Supposons maintenant que le
mobile posé en *A* (fig. 17) à la
distance *AO* du centre , se meuve dans la circonférence *AMC*
avec un certain degré de vitesse ;
qu'ensuite le même mobile posé
en *C* dans la même circonféren-

ce , y circule avec deux degrés de viteffe. Et je dis que fa force centrifuge en C fera 2×2 ou 4 fois auffi grande que fa force centrifuge en A.

Car le mobile étant en C , & aïant une viteffe double de celle qu'il avoit en A , décrira en C deux côtés du Poligone durant le tems qu'il en auroit décrit un en A. D'où il fuit que le nombre des coups qu'il donnera en C contre la circonférence du cercle AMC, fera en tems égal , double du nombre des coups qu'il auroit donné en A contre la même circonférence.

Mais le mobile en C aïant une viteffe double de celle qu'il auroit en A , chacun des deux coups qu'il donnera en C fera double du coup qu'il auroit donné en A durant le même tems.

Donc la force centrifuge du mobile en C , ou l'effort qu'il fera, durant un certain tems, pour s'éloigner du centre O, fera quadruple de la force centrifuge qu'il auroit en A, ou de l'effort qu'il y auroit fait durant le même tems pour s'éloigner du centre O.

On démontrera de même que si le mobile en C a 3 degrés de vitesse, ou que sa vitesse soit triple de celle qu'il auroit en A, sa force centrifuge en C sera 3×3 ou 9 fois aussi grande qu'elle auroit été en A. Et ainsi de suite.

D'où il suit enfin que la force d'un mobile qui se meut dans une même circonférence de cercle, ou à une égale distance du centre, est égale au quarré de sa vitesse ; ou que dans ce cas $F = VV$ ou $F = \frac{VV}{1}$.

Supposons en second lieu que le mobile avec la vitesse V qu'il avoit en C, soit posé en B, &

qu'il y circule autour du même centre *O* à une diſtance *BO* double de la diſtance *AO* ou *CO*. Et je dis que la force centrifuge en *B*, ne ſera que la moitié de celle qu'il a en *C*.

Car quoique chacun des côtés du Poligone *BNE* ſoit ici double de chacun des côtés du Poligone *AMC*, néanmoins comme les angles du Poligone *BNE* ſont égaux aux angles du Poligone *AMC*, & que la longueur des côtes n'augmente ni ne diminuë pas la force avec laquelle le mobile frape la circonférence qui le retient; la force avec laquelle le mobile frapera en *B* la circonférence *BNE* à chaque détour, ſera bien égale à la force avec laquelle il auroit frapé en *A* la circonférence *AMC*. Mais chacun des côtés du Poligone *BNE* étant double de chacun des côtés du Poligone *AMC*, le mobile en *B* ne parcourra qu'un côté du Poligone *BNE*, durant le tems qu'il en parcourroit deux en *C* du Poligone *AMC*.

Donc la force centrifuge en *B*, ou l'effort qu'il y fera durant un certain tems pour s'éloigner du centre *O*, ne fera que la moitié de la force centrifuge qu'il auroit en *C*, ou de l'effort qu'il y auroit fait durant un tems pareil pour s'éloigner du même centre *O*.

Donc fa force centrifuge *F* étant VV au point *C*, elle fera $\frac{VV}{2}$ au point *B*. Ainsi dans ce cas $F = \frac{VV}{2}$.

On démontrera de même que si la distance *BO* est triple de la distance *AO*, la force centrifuge du mobile en *B* ne fera que le tiers de fa force centrifuge en *C*, & que dans ce cas on aura $F = \frac{VV}{3}$. Et ainsi de suite.

D'où il suit enfin que la force centrifuge

centrifuge F d'un mobile qui circule autour d'un centre O, avec une vitesse quelconque V, & à une distance aussi quelconque D du centre O, est par tout égale au quarré VV de sa vitesse divisé par sa distance D, ou que $F = \frac{VV}{D}$. Donc &c C. Q. F. D.

REMARQUES.

Si l'on veut comparer les forces centrifuges F, f de deux mobiles A, B, qui circulent autour d'un même centre O avec les vitesses V, u, & aux distances D, d.

1°. On connoîtra que les forces centrifuges F, f seront entr'elles comme les quarrés VV, uu de leurs vitesses divisés par leurs distances D, d. Car alors on aura $F = \frac{VV}{D}$ & $f = \frac{uu}{d}$. Donc $F . f :: \frac{VV}{D} . \frac{uu}{d}$.

2°. D'où il suit que si les dif-

tances D, d font égales les forces F, f, feront entr'elles comme les quarrez VV, uu des viteffes. Car dans ce cas on aura
$\frac{VV}{D} \cdot \frac{uu}{D} :: VV, uu$. Donc $F. f ::$
VV, uu.

3°. Si les forces F, f font
égales, les diftances D, d feront entr'elles comme les quarrés VV, uu des viteffes. Car
dans ce cas on aura $\frac{VV}{D} = \frac{uu}{d}$, ou
$VVd = uuD$. Donc $D. d :: VV, uu$.

4°. Si les viteffes V, u font
égales les forces centrifuges F, f
feront entr'elles en raifon inverfe des diftances D, d. Car
alors on aura $\frac{VV}{D} \cdot \frac{VV}{d} :: \frac{1}{D} \cdot \frac{1}{d} :: d, D$.
Donc $F. f :: d, D$.

PROPOSITION IV.

Si le plan d'un cercle eft rempli de
très-petits globules égaux qui y
circulent chacun avec une égale
viteffe ; ces globules tendront à
s'éloigner du centre commun de

leurs mouvemens avec des forces centrifuges, qui seront entr'elles en raison inverse de leurs distances au centre ; Et si on n'a aucun égard aux frotemens, les globules continuëront à y circuler avec la même vitesse.

On suppose ici que les globules n'ont ni pesanteur, ni viscosité, ni inégalités dans leurs superficies, qu'ils n'ont rien qui puisse empêcher ou retarder leurs mouvemens.

Et comme on a vu (P. 1) que la force avec laquelle un mobile qui circule le long d'une ligne courbe, presse la courbe à chacun de ses points, est un infiniment petit du premier ordre ; Et que la vitesse qu'il y perd lorsque la courbe ne céde pas à son effort centrifuge, n'est qu'un infiniment petit du second ordre ; on voit clairement que

la force avec laquelle le mobile
frotte la courbe, ou tend à entraîner ſes parties, lorſqu'elle ne
céde pas à ſa preſſion, n'eſt qu'un
infiniment petit, par rapport à
l'effort centrifuge par lequel le
mobile preſſe la courbe, & à la
force avec laquelle la viteſſe du
mobile agiroit contre les parties
de la courbe, ſi la courbe cé-
doit à l'effort centrifuge du mobile. D'où il ſuit que dans le cas
que la courbe ne céde pas à cet
effort, on ne doit pas conſiderer le frottement du mobile contre la courbe; au lieu que le frottement devient très-conſidera-
ble lorſque les parties de la courbe peuvent céder à l'effort centrifuge du mobile. Car alors le
mobile agit par toute ſa viteſſe
contre les parties de la ſuperficie qui le retient.

Soient *AB* deux globules pris
à quelle diſtance on voudra du

centre O (fig. 17) du cercle XYZ, dont le plan est rempli de pareils globules qui y circulent tous autour du centre O avec une égale vitesse, & dont la circonférence XYZ les retient tous dans ce plan.

Ces globules aïant, par la supposition, une égale vitesse, il est clair (Prop. 3.) que leurs forces centrifuges $F. f$ seront entre elles en raison inverse de leurs distances $D. d$. Ainsi on aura par tout $F. f :: d, D$.

D'où il suit qu'à ne considerer que les forces centrifuges de ces globules, le globule inférieur A aïant d'autant plus de force à s'éloigner du centre O que n'en a le globule supérieur B, que la distance d du supérieur B est plus grande que la distance D de l'inférieur A; il semble d'abord que l'inférieur A doit monter, & que le supérieur B

doit defcendre : ou plutôt que le globule inférieur *A* circulant plus promptement que le fupérieur *B*, l'inférieur *A* doit de proche en proche communiquer de fa viteffe au fupérieur *B*.

Cependant comme tous les globules compris dans la circonférence *AMC*, où *A* circule, ont chacun une force centrifuge égale à celle de *A* ; il eft clair que l'un ne doit pas tendre moins de force à monter que tous les autres. Ainfi ces globules doivent tous tendre unanimement à monter avec une égale force, & à contraindre tous enfemble, s'il eft poffible, le fupérieur *B* à defcendre.

Mais comme tous les points qui font compris dans la circonférence où *B* circule, ont chacun une force centrifuge égale à celle de *B*, il eft également clair que l'un de ces points ne doit pas plutôt defcendre que l'autre, & qu'ils doivent tous s'oppofer unanimement à leur defcente.

De forte donc que pour juger fi le point A doit, à raifon de fa force centrifuge, monter, ou perdre de fon mouvement, & le communiquer de proche en proche aux points fupérieurs ; il ne faut pas comparer la force centrifuge du point A, à celle du point B : mais la fomme des forces centrifuges de tous les points de la circonférence AMC de A, à la fomme des forces centrifuges de tous les points de la circonférence BNE de B.

Nommant donc S la fomme des points de la circonférence de A, & s la fomme des points de la circonférence de B, & multipliant par S la force centrifuge F de A, & par s la force centrifuge f du point B, SF fera la force centrifuge de tous les points de la circonférence de *A* & *sf* la force centrifuge de tous les points de la circonférence de *B.*

Or il est clair que les Sommes *s, S* des points de ces circonférences sont entr'elles comme ces circonférences ; & que ces circonférences sont entr'elles comme leurs raïons *d, D,* ou que *s. S :: d, D.*

Donc puisque dans le cas que tous les points ont une égale vitesse on a *F. f :: d, D,* & que *s. S :: d, D,* on aura *F. f :: s, S.* Donc *SF = sf.* Donc dans ce cas la Somme *sf* des forces centrifuges de tous les points de la circonférence supérieure, sera égale à la Somme *SF* de tous les points de la circonférence inférieure.

Donc quoique chaque point inférieur ait plus de force centrifuge

trifuge que chaque point fupérieur, les forces de tous les points
inférieurs prifes enfemble ne
peuvent vaincre celles de tous
les points fupérieurs prifes auffi
enfemble ; ces forces demeureront donc en équilibre, & dans
l'état où elles fe trouvent.

Donc fi tous les points renfermés dans le plan d'un cercle circulent d'abord chacun avec une
égale viteffe, & qu'on n'ait aucun égard aux effets que peuvent produire les Frottemens,
ces points continuëront de circuler chacun dans fon orbe
avec la même viteffe, & tendront fans ceffe à s'éloigner du
centre O de leurs mouvemens,
avec des forces centrifuges qui
feront en raifon inverfe de leurs
diftances à ce centre ; comme fi
chacune des couches fupérieu-
res étoient des courbes infléxibles, le long defquelles les points

K

de la couche inférieure se mou‑
vroient uniformément.

Car pour ce qui regarde la
force des frottemens ou de l'at‑
trition des parties des globules,
comme elle ne peut procéder
que de la dureté parfaite de ces
globules qui empêcheroit qu'ils
ne pussent changer de figure &
s'accommoder aux lieux par où
ils doivent passer, & que nous
n'avons supposé cette dureté
premiere, que nous jugeons
d'ailleurs être une chimere, que
pour ne pas trop embrasser de
difficultés à la fois ; afin que les
globules retinssent leur figure ;
rien n'empêche que nous ne puis‑
sions substituer ici la souplesse à
la dureté : & penser que ces glo‑
bules étant souples, prennent
à chaque instant la figure con‑
venable à leur situation presente.
Ce qui acheve de détruire tout
l'effet du frottement.

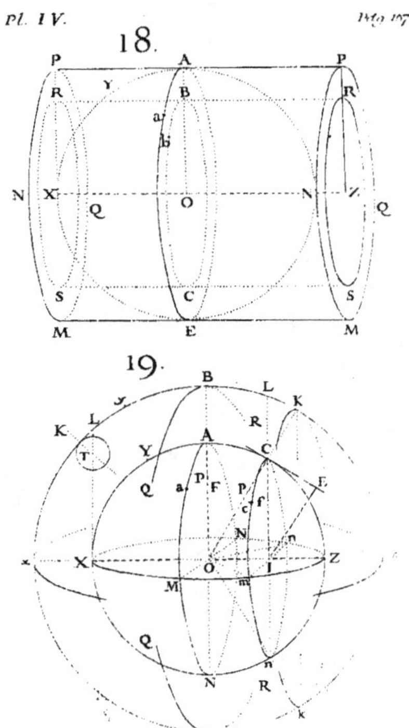

18.
P   A   P
R   Y   B   R
a
b
N X   N Z
Q   O   Q
S   C   S
M   E   M

19.
B   L
K   R   K
L
T   Y   A   C
Q a P F P   E
c f
N n
x X   O I Z
M   m
Q
N   n
N   R
k
P

Pl. IV.

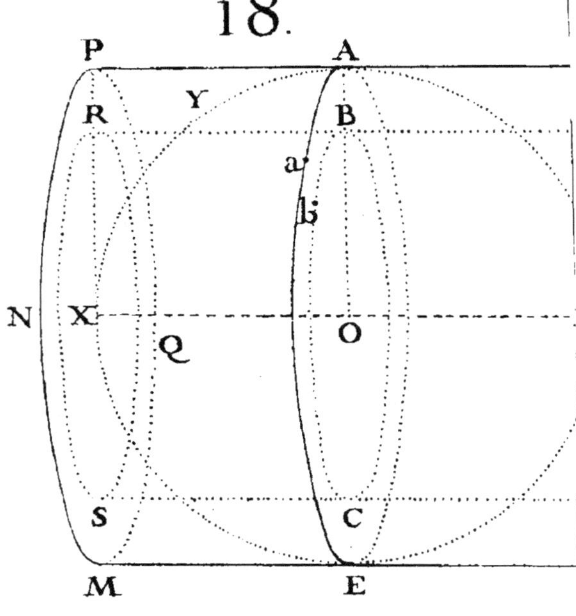
18.
P
A
R
Y
B
a
b
N X
Q
O
S
C
M
E

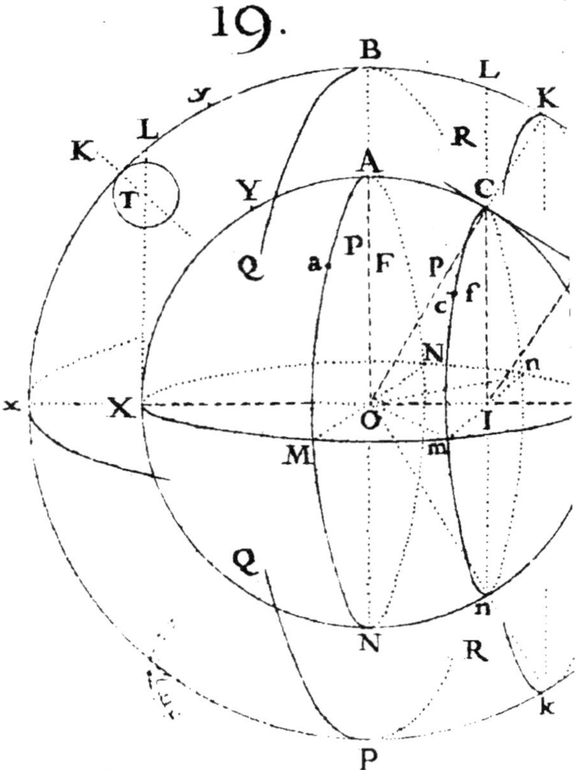
19.
B
L
y
K
R
K
L
K
T
Y
A
C
Q
a
P
F
P
f
c
N
n
x
X
O
I
M
m
Q
n
N
R
P
k

Mallet Sculp.

PROPOSITION V.

*Si la superficie d'un Cilindre droit
est remplie de petits globules, &
que ces points y circulent avec
une égale vitesse, dans des plans
perpendiculaires à l'axe, & y
forment ce qu'on nomme un Tourbillon, 1°. chacun de ces globules tendra à s'éloigner du point
de l'axe du Cilindre sur lequel
tombe la perpendiculaire, menée
du centre du globule sur l'axe du
tourbillon. Et tous les globules
compris dans une même couche
cilindrique auront une égale force
centrifuge. 2°. Les forces centrifuges des points compris dans des
couches differentes, seront entr'elles en raison inverse de leurs
distances à l'axe. 3°. Si on
n'a égard qu'à la seule force centrifuge, tous ces points continuëront d'y circuler & d'y conserver
entr'eux une égale vitesse.*

Rien n'eſt plus ordinaire que de voir des Tourbillons d'eau ſe former dans le courant d'une riviere, par la rencontre de quelque obſtacle qui détermine les parties du fluide, (leſquelles ont toutes d'abord une égale viteſſe) à ſe mouvoir circulairement autour d'un axe perpendiculaire à l'horizon. Ainſi rien n'eſt plus ſimple ni plus naturel que de commencer par là l'examen de ce qui doit arriver à un Tourbillon.

Soit donc XZ (fig. 18) l'axe d'un Cilindre droit, dont $MNPQ$ ſont les bazes circulaires, Et concevant que la ſuperficie du Cilindre eſt remplie de très-petits globules égaux qui circulent tous autour de l'axe XZ chacun avec une égale viteſſe ; D'un point quelconque b du Cilindre menons un plan $aAEO$ parallele aux bazes $MNPQ$, lequel ſera un cercle dont le centre O

fera un des points de l'axe *XZ* ;
& *ABO* un des raïons de ce cercle perpendiculaire à l'axe *XZ*.

Il eſt clair que tous les globules *a*, *b* compris dans le plan
du cercle *aAO*, y circuleront
chacun avec une égale viteſſe,
& qu'ils tendront tous comme
dans la Prop. 3. à s'éloigner du
point *O* de l'axe *XZ* centre du
cercle *aAO*, avec des forces centrifuges *F*, *f*, qui feront entre
elles en raiſon inverſe de leurs
diſtances *AO*, *BO*. Et que ces
forces feront en équilibre, ſans
que les globules qui circulent de
la même façon dans les plans des
cercles voiſins dont le Cilindre
eſt compoſé, & qui n'ont point
de tendence laterale, y puiſſent
apporter aucun changement.
D'où il ſuit,

1°. Que tous les globules compris dans la couche qui touche
la ſuperficie cilindrique *MNP*

K iij

PNM, étant à des diſtances égales de l'axe *XZ*, ou des centres
des cercles dans les plans deſ-
quels ils circulent, tendront
tous à s'éloigner, chacun avec
une égale force, du point de cet
axe où tombe la perpendiculaire
menée du centre du globule ſur
l'axe. Et qu'il en ſera de même
de ceux qui ſeront compris dans
telle autre couche cilindrique
SRRS que ce ſoit plus voiſine
de l'axe, & qui ſeront tous auſſi
à une égale diſtance de l'axe.

2°. Que les forces centrifuges
de tous ces globules, ſeront entr'elles en raiſon inverſe de leurs
diſtances à l'axe ; comme celles
de ceux qui circulent dans le
plan d'un même cercle, ſont
(Pr. 3) en raiſon inverſe de
leurs diſtances au centre.

3°. Qu'enfin ſuppoſé les mêmes
conditions que dans la Prop. 3.
cette difference des forces cen-

trifuges n'empêchera pas que tous ces points ne continuent de circuler avec une égale vitesse, sans que les points inférieurs puissent communiquer aucune quantité finie de leurs mouvemens aux superieurs ; puisqu'à chaque instant, chacun de ces points ne doit perdre qu'une quantité infiniment petite du second ordre de sa vitesse. Donc &c. C. Q. F. D.

REMARQUE.

De ce que les vitesses des points d'un Tourbillon cilindrique demeurent égales ; il s'enfuit clairement que leurs tems périodiques feront entr'eux comme leurs distances à l'axe ; ainsi que M. Newton l'a déterminé dans la Prop. 51 de la seconde Part. de ses Principes. Car si la distance AO du point A est à la distance BO du point B au même point

O de l'axe *XZ*, comme 4 à 3, par exemple ; il eſt clair que la circonférence *aAE* que le mobile *a* décrira, ſera à la circonférence *bBC*, que le mobile *b* décrira, comme, 4 à 3. D'où il ſuit que les mobiles *a*, *b* allant également vîte, les tems qu'ils emploiront à faire leurs révolutions ſeront auſſi comme 4 à 3.

Mais M. Newton n'aïant pas jugé à propos de déduire les proprietés du Tourbillon Sphérique, de celles du Tourbillon Cilindrique, dont la formation eſt ſi naturelle ; la nouvelle hipoteſe qu'il fait dans ſa Prop. 52 pour la formation du Tourbillon Sphérique, l'a ſi fort écarté des conſéquences qu'il auroit naturellement pû tirer du principe qu'il venoit d'établir dans ſa Prop. précéd. qu'au lieu d'en déduire les loix Aſtronomiques, que Kepler avoit obſervées, il

en a déduit de toutes contraires ;
ce qui l'a enfin porté à abandonner le siftême du Mécanifme, & à conclure dans fa *Scolie
générale* qui eft à la fin de fes Principes : que ni la pefanteur, ni le
reffort, &c. ni les divers mouvemens des Planetes, des Cometes,
&c. ne tiroient point leur origine des caufes mécaniques ;
& que le fiftême même du
mécanifme, ne pouvoit avoir
lieu dans la Phifique expérimen-
tale.

Cependant l'on pourra voir
par les Propofitions fuivantes,
que pour retenir le Mécanifme
dans ce point important, il n'y
avoit qu'à pourfuivre la décou-
verte des proprietés du Tourbillon, en le transformant de Cilindrique en Sphérique, par la
feule infcription d'une fuperficie
Sphérique ; fans rien changer à
ce qu'on en avoit déja déduit

que ce que cette nouvelle dif-
position demandoit qu'on y
changeât.

PROPOSITION VI.

Si une Superficie Sphérique est remplie de très-petits globules, qui circulent chacun avec une égale vitesse, autour d'un de ses dia-metres, dans des plans perpendiculaires à cet axe ; Chacun des globules compris dans une même couche sphérique concentrique à la superficie du Globe, pressera la couche qui la précéde avec une force que je nomme centrale *, dont le raïon qui passe par le centre du globe sera la direction.*

Tout étant d'abord supposé
comme dans la Prop. précédente,
ne faisons seulement qu'inscrire
dans la superficie cilindrique
MNP PNM (fig. 18) une superficie sphérique *Y*, ou *MXANZ*

(fig. 19) dont *XZ*, qui étoit l'axe du Cilindre, ſoit l'axe de la Sphere ; *MANO* l'équateur, *XYZ* un des cercles qui paſſe par les poles *X. Z.* & qui coupe l'équateur au point *A*, dont *AO* eſt le raïon. Et ne conſiderant ici rien autre choſe que ce qui doit arriver aux globules compris dans cette ſuperficie ſphérique, à cauſe de ſon appoſition ; choiſiſſons à volonté un globule quelconq. *C* qui touche la ſuperficie ſphérique *Y*. Par le point *C*, ſoit un plan circulaire *mcnI*, parallele à l'équateur *MANO* ; & du point *C*, où la circonférence *mcn* coupe la circonférence *XYZ*, menons *CI* perpendiculaire ſur l'axe *XZ* ; le point *I* ſera le centre du Cercle dans la circonférence *mcn* duquel le globule *c* circulera par tout avec une égale viteſſe. Du même point *C* ſoit au centre *O* de la superficie *Y*, le raïon *CO*, & le plan *CE*, qui touche la superficie *Y* au point *C*, sur lequel le raïon *CO* sera perpendiculaire, & du point *I* soit *IE* perpendiculaire sur le plan *CE*.

Il est clair que le globule *c* circulant dans la circonférence *mcn* partout avec une égale vitesse que je nomme *u*, tendra aussi (Pr. 3) à s'éloigner du centre *I* de cette circonférence avec une égale force centrifuge que je nomme *f*.

Que le même globule *C* parvenu en *C*, & qui tend à s'éloigner du centre *I* dans la direction du raïon *IC*, ne pressera pas (Pr. 15. 1) le point *C* de la superficie *Y* dans la direction *ICL*, mais dans la direction *CK* perpendiculaire au plan *CE* qui touche cette superficie en ce point, & sur lequel le raïon *OCK* est perpendiculaire, comme on le

voit plus fenfiblement en T; ni
par toute la force centrifuge avec
laquelle il tend à s'éloigner du
centre I dans la direction du
raïon IC de la circonférence *mcn*
qu'il décrit ; puifque la direction IC de cette force f eft oblique au plan CE.

Mais que le globe c parvenu en C, preffera (Pr. 15. 1) le
point C de ce plan, ou de la fuperficie fphérique Y, avec une
force que je nomme p, qui fera
à la force centrifuge f, comme
IE eft à IC, & dont la direction fera la perpendiculaire CK
fur ce plan, laquelle étant prolongée, paffera par le centre O
de la fuperficie Y.

Ainfi quoique le globule c
circule réellement dans la circonférence *mcn* avec une force
finie u égale à fa viteffe, dont
la direction (Pr. 1) eft la tangente de cette circonférence ; &

qu'étant arrivé au point C, il tende réellement à s'éloigner du point I de l'axe, centre de son mouvement circulaire mcn, avec une force centrifuge f (infiniment petite à l'égard de la force ou vitesse u avec laquelle il circule), & dont la direction est le raïon IC de cette même circonférence.

Cependant comme cette direction IC est oblique par rapport au plan CE qui touche la superficie Y au point C, ce n'est ni par l'une ni par l'autre de ces forces u, f; ni dans leurs directions qu'il presse réellement la superficie Y au point C : mais le globule c parvenu en C, ne presse réellement la superficie sphérique Y que par la seule force p, résultante des deux précédentes, dont la direction est le raïon OC de la superficie Y. Et les deux autres

forces *u*, *f*, quoique réellement
agiſſantes pour produire la force
p, ne ſont à l'égard de cette
preſſion que comme ſi elles n'é-
toient pas, & qu'on eût ſubſtitué
à leur place la force *p* dans la direction *O C*.

Et tout cela par la même raiſon qu'on a vû (Pr. 15. 1) que
le mobile *A* ne preſſe pas le plan
MM par toute la force qu'il a a-
vant le choc, ni ſelon la direction
E A de cette force, ni par la force qu'il a après le choc, ni ſelon
la direction *AD* de cette force
réellement exiſtante après le
choc, à laquelle le plan *MM*
n'eſt aucunement oppoſé ; mais
qu'il preſſe ce plan par une force dont la direction *A G* eſt perpendiculaire à ce plan. Et qui
eſt à ſa force avant le choc, dont
la direction eſt *E A*, comme *E R*
ou *C A*, eſt à *E A* ; ou comme ſi
au lieu de la force ſelon *E A*,

on y avoit fubftitué une force
felon CA, qui fût à la précédente commme CA eft à EA.

Or le globule c (fig. 19) parvenu en C aïant été pris à volonté
dans la couche qui touche la fuperficie fphérique ; il en fera de
même de tous les autres globules
de cette couche,

On démontrera de la mê-
me façon que les points de la
feconde couche fphérique aïant
une égale viteffe, prefferont la
premiere couche dans les mêmes
directions du centre O du Tourbillon à fa fuperficie. Et ainfi de
fuite jufqu'au centre O ; Et qu'ils
formeront tous enfemble un
Tourbillon fphérique dont tous
les points tendront à s'éloigner
de fon centre O, tant vers la circonférence de l'équateur MAN,
que vers les poles X, Z, dans la
direction des raïons OA, OC,
OZ, OX, qui paffent par le centre

tre *O*, & par chacun des centres des globules. Donc &c. C.
Q. F. D.

PROPOSITION VII.

*Dans un Tourbillon Sphérique 1°.
la force Centrale de chacun des
globules qui le forment, est à sa
force centrifuge, comme le sinus
de l'angle formé par l'axe du
Tourbillon, & par le raïon qui
passe par le centre du globule, est
au sinus total. 2°. Dans l'équateur de ce Tourbillon la force Centrale de chacun des points qni y
circulent, est égale à sa force centrifuge. 3°. Tous les points d'une
même couche sphérique ont une
égale force centrale.*

Tout demeurant comme dans
la Proposition précédente, il
faut démontrer, 1°. Que la force
centrale du point *c* parvenuë en
C, que j'ai nommée *p*, par laquelle il tend à s'éloigner du

L

centre O du Tourbillon, eſt à la
force centrifuge que j'ai nommé
f, par laquelle il tend à s'éloigner
du point I de l'axe XZ, comme
IC, ſinus de l'angle COZ, formé
par l'axe OZ, & par le raïon OC,
qui paſſe par le centre c du globule parvenu en C, eſt au ſinus
total AO, ou CO; ou que $p. f ::$
$IC. CO.$

Les lignes OC, IE étant par
la conſtruction perpendiculaires
ſur le plan CE, qui touche la
ſuperficie ſphérique Y au point
C, les trois lignes OC, CI, IE ſeront dans un même plan ; les lignes OC, IE ſeront paralleles ;
& l'angle OCI étant égal à CIE,
les triangles OCI, CIE rectan-
gles en I, E ſeront équiangles.

Or (Prop. 6) la force cen-
trale p, par laquelle le globule c
parvenu en C preſſe la ſuperficie
ſphérique Y au point C dans
la direction du raïon OC, étant

à fa force centrifuge f, par laquelle il tend à s'éloigner en ce
point du centre I, comme IE
eſt à IC; ou aïant $p.f :: IE.IC.$
& à cauſe des paralleles OC, IE,
& des triangles ſemblables CIE,
OCI, aïant $IE.IC :: IC.CO.$ On
aura $p. f :: IC. CO.$ C, Q, F.
1°. D.

    2°. Soit a un point qui circule
ſous la circonférence MAN de
l'équateur de la même ſuperficie ſphérique Y, & vous verrez
par ce qu'on vient de démontrer
que la force centrale que je
nomme P du globule a parvenu
en A, eſt à ſa force centrifuge
que je nomme F; comme le ſinus AO de l'angle AOZ formé par l'axe OZ, & par le raïon
qui paſſe par le centre du globule A, eſt au ſinus total AO.
Car dans ce cas ces ſinus ſont la
même ligne OA, AO, & par
conſéquent égaux, au lieu que

dans l'autre cas ils étoient sépa-
rés sçavoir IC, CO, ou AO, &
inégaux ; D'où il suit que la force
centrale P d'un point a ou A qui
circule dans l'équateur, & par
laquelle il tend à s'éloigner du
centre O du Tourbillon, est égale
à sa force centrifuge F, par laquelle il tend à s'éloigner du
point O de l'axe, sur lequel tombe la perpendiculaire menée du
centre A du mobile sur l'axe.
Donc dans ce cas $P = F$. C. Q.
F. 2° D.

3°. c étant un point quelconque pris à volonté dans la couche sphérique qui touche la superficie sphérique Y, & a un
point pris à volonté dans la circonférence de l'équateur ; si l'on
démontre que la force centrale
p du point c parvenu en C, est
égale à la force centrale P du
point a parvenu en A, on aura
démontré en général que tous

les points de cette couche fphérique auront une égale force
centrale.

Les point *a*, *c* aïant (Prop. 4)
une égale viteffe, & la force centrifuge *F* du point *a* parvenu en
A, par laquelle il tend à s'é-
loigner du point *O* étant (Prop.
3) à la force centrifuge *f* du
point *c* parvenu en *C*, par laquelle il tend à s'éloigner du
point *I*, en raifon inverfe de
leurs diftances *AO*, *CI* aux centres *O*, *I* de leurs mouvemens ;
on aura F. *f* :: *CI*. *AO*, & aïant
par la derniere démonftration
$P = F$ & $CO = AO$, on aura *P*. *f*
:: *CI*. *CO*. Or on vient de voir
que *p*. *f* :: *CI*. *CO*. Donc $P = p$.

Donc tous les points de la
couche fphérique qui touche
la fuperficie *Y*, tendent avec une
égale force à s'éloigner du centre *O* du Tourbillon, tant ceux
qui font voifins des poles *X*, *Z*

que ceux qui font voifins de l'équateur *MAN*. Il en fera de même de tous les points de la couche inferieure qui touche celle-ci. Et ainfi de fuite de couche en couche jufqu'au centre *o*. Un Tourbillon fphérique fe deffend donc de toute part avec une égale force, & auffi fortement du côté des poles *XZ* que du côté de l'équateur *MAN*, Donc &c. C. Q. F. D.

R E M A R Q U E.

Il faut ici bien remarquer que quoique les points *A*, *C* de la fuperficie fphérique *Y*, foient frappés en tems égaux avec une égale force par les globules qui circulent dans les circonféren-ces *MAN*, *mcn*, felon la direc-tion des raïons *OA*, *OC*; ce n'eft pas à dire pour cela que chacun des globules comme *c* de la cir-conférence *mcn* frappe auffi fortement le point *C* que chacun des globules comme *a* de la circonférence *MAN* frappe le point *A*.

Car, par exemple, si la circonférence *MAN* est double de la circonférence *mcn*, les globules *a*, *c* aïant une égale vitesse, le globule *c* fera deux circulations durant le tems que le globule *A* n'en fera qu'une. D'où il suit clairement que le point *C* recevra deux coups des globules comme *c*, qui circulent dans la circonférence *mcn*, pendant que le point *A* n'en recevra qu'un de ceux comme *a*, qui circulent dans la circonférence *MAN*.

Mais ce qui fait que le point *A* est frappé en tems pareil aussi fortement que le point *C*, c'est que le seul coup que reçoit le point *A* durant ce tems, est égal aux deux coups que le point *C* reçoit durant le même tems. Et il en sera de même quel que

puiſſe être le raport de la circonférence *MAN* à la circonférence *mcn.* Ainſi quoiqu'auprès du
pole *Z* le point *C* puiſſe par exemple recevoir un million de coups
durant le tems que le point *A*
n'en reçoit qu'un ; le point *C* ne
ſera pas pour cela plus fortement frappé durant ce même
tems que le point *A.*

PROPOSITION VIII.

Un Tourbillon compris dans une
matiere homogene & ſans mou-
vement , s'y étendra êgalement
de toute part de telle ſorte que les
points compris dans une même
couche ſphérique , circuleront tous
avec une égale viteſſe.

Car tout demeurant comme
dans la Prop. préced. ſi l'on poſe
une autre ſuperficie ſphérique *y,*
ou *x B z P* ⱴ ⱴ *R R* , à quelle diſtance on voudra de la premiere
Y.

Y. Que l'intervalle *Yy*, qui eſt entre ces deux ſuperficies , ſoit rempli de petits globules égaux aux précédens , & en repos les uns auprès des autres ; & qu'on détruiſe la premiere ſuperficie *Y*, qui contient les premiers glo-bules qui circulent chacun avec une égale viteſſe ; on verra ,

1°. Que dans le mouvement du Tourbillon tous les globules compris dans la premiere couche *XYZ* tendant (Pr. 7) à s'écarter de toutes parts chacun avec une égale force du centre *O* dans la direction des raïons ſphériques *O A*, *OC* , *OZ* , *OX*, &c. qui paſſent par le centre de chacun de ces globules , preſſeront dans la même direction les globules de la couche environnante , cha-cun avec une égale force cen-trale.

2°. Que les globules com-pris dans la circonférence de

M

l'Équateur *MAN*, qui circulent avec une égale vitesse, & pressent les globules supérieurs qui sont en repos, avec une égale force centrale ; leur communiqueront, en même tems, des quantités égales de leurs mouvemens ; & les contraindront de circuler, dans le même plan de ce cercle, chacun avec une égale vitesse.

3°. Que dans le mouvement du même Tourb. *Y*, la ligne *OC* prolongée en *K*, décrivant une superficie conique, dont *O* est le sommet, & *mcn* la baze ; tous les points compris dans la circonférence *mcn* aïant une égale vitesse, & ne touchant, non plus que le point *C*, la couche environnante *Y*, que dans les directions *OC*, *Om*, *On*, &c. des raïons sphériques qui passent par chacun de leurs centres, comme on le voit plus sensiblement en

T ; ce ne fera que dans ce fens qu'ils communiqueront de leurs mouvemens aux points environnans ; & non dans les directions des raïons *IC* , *Im* , *In*. D'où il fuit que ces points ne tendront pas à étendre le plan du cercle *Imcn* , mais bien la fuperficie conique *Omcn*, dans laquelle on peut également concevoir qu'ils circulent , comme on conçoit qu'ils le font dans le plan du cercle *Imcnn*. Et qu'il n'y aura que les points qui circulent dans la circonférence *MAN* de l équateur , qui tendent à étendre la fuperficie de ce cercle en *QBRPPQ*.

4°. Qu'il en fera de même de tous les points de la couche fphérique *Y*, compris dans toute autre circonférence *mcnn* parallele à l'équateur *MANN* , fi près de ce cercle , ou fi près des poles *X, Z* , qu'elle puiffe être.

Car quoique la force centrifuge de chacun des points de la circonférence *mcn*, par laquelle il tend à s'éloigner du point *I*, soit d'autant plus grande que la force centrifuge de chacun des points de la circonférence *MAN*, par laquelle il tend à s'éloigner du point *O*, que *OA* est plus longue que *IC* ; Cependant comme ce n'est pas par toute la quantité de cette force que le point *C* pousse le point supérieur, ni dans la direction *IC* de cette force ; mais que ce n'est que par une partie de la même force, égale à la force par laquelle le point *A* pousse le point supérieur qui lui répond dans la direction *OA*, que le point *C* pousse le point supérieur qu'il presse dans la direction *OC* ; on voit que les globules qui circulent dans la circonférence *mcn* de la superficie du Cone *Qmcn*, qui ont une force centrale égale à celle des globules de la superficie *MAN*, & dont la direction est selon les côtés *Om*, *OC*, *On*, de ce Cone; On voit, dis-je, que ces globules pousseront avec une force égale à celle des premiers, les globules compris dans la circonférence supérieure qu'ils touchent, laquelle est baze du cone prolongé, & parallele à la baze *mcnn*; & qu'ils leur communiqueront en même tems à chacun une égale vitesse.

5°. Que les points *c*, *C*, qui circulent dans la circonférence *mcnn* de la baze du cone, tendant à s'éloigner du centre *O* chacun avec une force égale à celle par laquelle chacun des points *a*, *A* tend à s'éloigner du même centre *O*; tous les points compris dans la superficie conique *Omcnn*, ne feront pas en même tems moins d'effort à étendre cette superficie conique, que tous les points compris dans le plan de l'équateur en font pour étendre le plan *OMAN* de ce cercle. Car quoiqu'il y ait moins de points mouvans dans la circonférence *mcn*, que dans la circonférence *MAN*, comme il y a aussi d'autant moins de points à mouvoir par les points de la circonférence *mcn*, que par les points de la circonférence *MAN*, il est clair qu'en même tems chacun des points de la circonférence *mcn*, portera son action dans la superficie du cone à une distance du centre *O*, égale à celle où l'action de chacun des points de la circonférence *MAN* pourra la porter. Car tous les points mouvans dans ces deux circonférences aïant chacun une égale vitesse & une égale force centrale, & n'aïant chacun dans le même inſtant qu'un point à pouſſer dans les directions *C A* ou *O C* des raïons ſphériques , il s'enſuit que chacun de ces points ne poutra perdre ou communiquer aux points environnans qu'une égale quantité de viteſſe; quoique le point *C* ne reçoive cette égale quantité de mouvement que par le moyen de deux impulſions des globules comme *c*, qui circulent dans la circonférence *mcn* , ſi cette circonférence n'eſt que la moitié de la circonférence *M A N* : ou par le moïen de trois impulſions, ſi la circonférence *mcn* n'eſt que le tiers de la circonférence *M A N*; Et ainſi de ſuite : tandis que le point *A* le recevra tout entier par le moïen d'une ſeule impulſion. Il en ſera de même de tous les autres points de la couche *Y*, pris ſi près de l'équateur

MAN ou des poles *X*, *Z* que l'on voudra.

6°. Il est donc clair que tous les points de la couche *Y* aïant une égale vitesse, & pressant la couche environnante selon tous les raïons *OC*, *Om*, *On*, *OA*, *OX*, *OZ*, *ON*, &c. avec une égale force ; les points de la couche *Y*, ne pourront communiquer en même tems aux points de la couche environnante qu'ils rencontrent dans la direction de ces raïons, que des quantités égales de force & de vitesse.

Que par conséquent les points de chaque couche sphérique comprise dans l'intervale *Yy*, recevant à chaque instant des quantités égales de force & de vitesse pour circuler dans les superficies des cones telles que *Omon* ; Et les points de chaque couche sphérique comprise dans l'intervale *OY*, perdant des quantités égales de leurs forces & de leurs vitesses ; Et la distribution des forces & des vitesses des couches inferieures devant se faire de la même façon ; il arrivera enfin que tout le mouvement compris dans l'intervale *OY*, se distribuera dans tous les points compris dans l'intervale *Oy*, de telle sorte que tous les points d'une même couche quelconque sphérique conserveront une égale vitesse, & que ces points formeront tous ensemble un plus grand Tourbillon sphérique, qui s'étendra dans tout l'espace environnant.

On verra de même qu'à quelque distance que le Tourbillon s'étende, pourvu qu'il trouve par tout une résistance égale, tous les points qui seront à une égale distance du centre

O ; ou compris dans une même couche fphérique, conferveront toujours entr'eux une égale vi-teffe. Donc, &c. C. Q. F. D.

REMARQUE.

Nous venons de voir comment la force & la viteffe des points inférieurs, d'un Tourbillon, peut paffer dans les points fupérieurs, & aller du centre à la circonférence : nous verrons dans la fuite comment celle des points fuperieurs peut paffer dans les points inférieurs, & aller de la circonférence au centre ; ce qui refoudra un grand nombre de difficultés qui paroiffent encore infurmontables.

PROPOSITION IX.

Les forces centrales P. p. des points d'un Tourbillon Sphérique qui s'étend, fe diftribuëront enfin de telle forte, que la Somme des forces centrales de tous les points d'une de ses couches sphériques, sera égale à la Somme des forces centrales de tous les points d'une autre de ses couches quelconque. Ainsi PS$=$ps.

Car à mesure que le Tourbillon Y s'étend, ses points communiquant une partie de leurs mouvemens aux points environnans, perdront peu à peu de leurs vitesses. D'où il suit que le Tourbilon XYZ peut s'étendre jusqu'à de telles bornes xyz, que les vitesses de tous ses points, que nous avons supposé égales avant que le Tourbillon s'étendît, auront diminué de quelque degré ; de telle sorte néanmoins que tous les points compris dans une même couche sphérique auront (Pr. 8) conservé entr'eux une égale vitesse, & par conséquent (Pr. 6) une égale force centrale. Et que les points compris dans les couches superieures ne retiendront de leurs forces & de leurs vitesses à mesure que le Tourbillon s'étendra, qu'autant qu'il est nécessaire qu'ils en retiennent, pour faire équilibre avec les points inférieurs, ou contrebalancer leurs efforts.

Supposons donc que le Tourbillon Y étant parvenu à la superficie xyz, cette distribution de vitesse se soit faite ; Et prenant à volonté dans le même Tourbillon deux de ses globules A, B ou C ; considérons que si les globules A, C sont dans une même couche sphérique, ou à une égale distance du centre, ces globules, (Pr. 8) aïant conservé entr'eux une égale vitesse, auront (Pr. 7) une égale force centrale.

Et que si les globules A, B

circulent dans deux différentes couches sphériques *XYZ* , *xyz*, le globule inferieur *A* aura pu retenir plus de force centrale que le globule supérieur *B*.

Car quoiqu'il semble , à ne considerer que les seules forces centrales de ces deux globules, que le globule *A* doive monter & contraindre le globule *B* de descendre ; Cependant comme tous les globules , qui circulent dans la même couche sphérique où est *A* , ont une égale force centrale ; on voit d'un côté,qu'il n'y aura pas plus de raison que l'un monte que l'autre ; & que ces globules conspireront tous par conséquent à monter avec une égale force. Et d'un autre côté qu'il n'y aura pas aussi plus de raison que le globule *B* soit contraint de descendre , que chacun des globules qui sont contenus dans la superficie fphérique *xyz* de *B* ; & qu'ils s'oppoferont tous unanimement à leur defcente.

D'où il fuit que pour juger fi le globule *A* doit monter, ou perdre de fon mouvement, & le communiquer aux points fuperieurs, il ne faut pas comparer la force centrale du globule *A* à celle du globule *B*, mais la Somme des forces centrales de tous les globules contenus dans la couche de *A*, à la Somme des forces centrales de tous les globules contenus dans la couche de *B*. Et dire,

1°. Que fi la Somme des forces centrales de tous les points compris dans la couche inferieure, eft plus grande que celle des points compris dans la couche fuperieure, les points inferieurs perdront de leur force, & communiqueront de leur viteffe aux points fuperieurs.

2°. Que si au contraire la Somme des forces centrales de tous les points compris dans la couche superieure, est plus grande que celle des points compris dans la couche inférieure, les points superieurs perdront de leurs forces, en la communiquant aux points qui les environnent, & qui font encore en repos ; sans que les inférieurs en perdent, ni qu'ils communiquent de leur vitesse aux superieurs, lesquels par la supposition en auront encore plus qu'il ne leur en faut, pour contrebalancer l'effort des inférieurs.

D'où il suit que dans un Tourbillon qui s'étend, de quelque façon qu'il arrive que ses forces centrales soient d'abord distribuées ; la Somme des forces centrales des points superieurs compris dans une couche quelconque, deviendra enfin égale à la Somme des forces centrales des points inférieurs compris dans une autre couche aussi quelconque, par la raison déja alleguée : Que si les points inférieurs en ont plus que les superieurs ils la communiqueront aux superieurs : Et que si les points supérieurs en ont plus que les inférieurs, ils la communiqueront aux points environnans qui sont encore en repos, sans que les points inférieurs en perdent.

Or le Tourbillon s'étant ainsi une fois dévelopé, il est clair que si on n'a aucun égard aux Frottemens ; à quelque distance de son centre qu'il étende ensuite sa superficie, ses forces demeureront entre'elles dans le même rapport. De telle sorte que quelque grande que puisse être la force centrale d'un de ses points

points inférieurs *A*, à l'égard de celle d'un de fes points fupérieurs *B*, le globule *A* ne pourra pas monter ou perdre de fon mouvement, ni le globule *B* defcendre ou recevoir du mouvement du globule *A*; puifqu'alors les globules de la couche fupérieure où eft *B*, auront toute la force néceffaire pour refifter à l'impulfion des globules de la couche inférieure où eft *A*, & que les globules de la couche inférieure fe mouvront fur la couche fupérieure, comme fur des courbes infléxibles. Ce qui arrrivera fans difficulté, (Pr. 4) fuppofé que les points qui forment le Tourbillon ne foient pas abfolument durs, mais fouples, ou tels qu'ils puiffent prendre à chaque inftant la figure convenable à leur fituation préfente. Donc &c. C. Q. F. D.

N

PROPOSITION X.

Les Forces centrales P, p *des points d'un Tourbillon Sphérique développé, où dont tous les points sont en équilibre, sont entr'elles en raison inverse des quarrés des distances* D, d, *de ces points, au centre de leurs mouvemens. Ainsi* P. p :: dd. DD.

Choisissant deux points quelconques Y, y, ou A, B du Tourbillon O, (fig. 19) & nommant P la force centrale de A, & p la force centrale de B. S la Somme des globules contenus dans la couche inférieure où est A, & s la Somme des globules contenus dans la couche supérieure où est B. D, le raïon ou la distance AO, du globule A au centre O, & d le raïon ou la distance BO du globule B au même centre O.

1°. Il est clair (Pr. 7) que tous les

points d'une même couche aïant
une égale force centrale , la
Somme des forces centrales de
tous les points de la couche inférieure où eſt *A* , ſera égale au
produit *PS* de la force centrale
P d'un de ces points , par la
Somme *S* de tous ces mêmes
points. 2°. Que la Somme des
forces centrales de tous les
points de la couche ſupérieure
où eſt *B* , ſera égale au produit
ps de la force centrale *p* d'un
de ces points, par la Somme *s* de
tous ces mêmes points. 3°. Que
(Pr. 9.) la Somme *PS* des forces centrales de tous les points
de la couche inférieure ſera
égale à la Somme *ps* des forces
centrales de tous les points de
la couche ſupérieure.   Donc
PS=*ps*. Donc *P.p* :: *s. S.*

Or il eſt clair que les Sommes
s. S. des points contenus dans ces
Couches ou ſuperficies ſphéri-
N ij

ques, font entr'elles comme ces couches ; & que ces Couches, ou fuperficies fphériques, font entr'elles comme les quarrés dd. DD. de leurs raïons BO, AO, ou, d. D. Donc s. $S :: dd. DD$. Donc P, $p :: dd. DD$.

Donc la force centr. P de chacun des points de la couche où A circule, eft à la force centrale p, de la couche où B circule ; comme le quarré dd du raïon d, ou de la diftance BO de B au centre O du Tourbillon, eft au quarré DD du raïon D, ou de la diftance AO de A au même centre O. Donc &c. C. Q. F. D.

REMARQUE.

Ainfi, fi le globule A eft à un pied de diftance du centre O, & que le globule B en foit à deux pieds, à trois pieds, à quatre pieds, à cinq pieds, &c. la force centrale de B ne fera

que $\frac{1}{4}$. $\frac{1}{9}$. $\frac{1}{16}$. $\frac{1}{}$. &c. de celle de
A. ou, ce qui revient au même,
fi la force centrale de *B* eft 1,
celle de *A* croîtra comme les
nombres quarrés 4. 9. 16. 25.
&c.

PROPOSITION XI.

*Les viteſſes des globules d'un Tour-
billon Sphérique, dont les forces
centrales ſont en équilibre, ſont
entr'elles en raiſon inverſe des
racines quarrés de leurs diſtan-
ces. Ainſi* V . u :: $\sqrt[2]{}$ d. $\sqrt[2]{}$ D.

Prenez d'abord dans la ſolidi-
té du Tourbillon deux globules
quelconques *Y*, *y* & concevez
deux ſuperficie ſphériques
XYZ, *xyz* qui paffent par les
centres de ces globules, & deux
autres globules *A*, *B* compris en
même tems, & dans ces cir-
conferences, & dans le plan de
leur Equateur *QBR.*

Il est clair que les deux globules Y, A étant compris dans la même couche sphérique, auront une égale force centrale, & une égale vitesse. Il en sera de même des globules y, B. D'où il suit que ce qu'on démontrera des vitesses des globules A. B. le fera des vitesses des globules quelsconque Y. y.

Or les forces centrales P. p. des globules A. B. qui font compris dans le plans de l'équateur, étant (Pr. 7.) égales aux forces centrifuges F, f de ces mêmes globules, on aura P. $p :: F$. $f ::$ Or (Pr. 10.) P. $p :: dd$. DD. & (Pr. 3.) F. $f :: \frac{VV}{D}$. $\frac{uu}{d}$ Donc dd. DD. $:: \frac{VV}{D}$. $\frac{uu}{d}$. Donc $VVD =$ uud. Donc VV. $uu :: d$. D. Donc enfin V. $u :: \sqrt{d}$. $\sqrt{D}$. Donc &c. C. Q. F. D.

R E M A R Q U E.

Ainsi si le globule Y ou A

est à un pied de distance du centre *O* , & que le globule *y* ou *b* en soit à 4 pieds, à 9 pieds, à 16 pieds, à 25 pieds, &c. la vitesse de *Y* ou de *A* , sera 2 fois, 3 fois, 4 fois, 5 fois, &c. aussi grande que la vitesse de *y* ou de *B*.

Par où l'on voit que les points inférieurs du Tourbillon , auront retenu en s'agrandissant , beaucoup plus de vitesse que les points supérieurs , qu'on avoit d'abord supposé en avoir autant.

PROPOSITION XII.

Les tems des révolutions des points d'une même couche sphérique sont entr'eux comme leurs distances à l'axe du Tourbillon. Ainsi T. t :: D. d.

Soient *A. C.* deux globules pris à volonté dans une même couche sphérique *XYZ* du Tourbillon *y*; *AO* , *CI* leurs distances à l'axe *XZ*. Et *T. t.* les temps qu'ils emploïent à faire leurs révolutions, ou à parcourir les circonférences *MAN*, *mcn*, il faut démontrer que *T. t* :: *AO. CI.*

Les points d'une même couche sphérique aïant (Pr. 8) une égale vitesse; les tems *T*, *t* de leurs révolutions seront entre eux (Pr 3. 1) comme leurs circonférences, ou comme les espaces qu'ils parcourent. Or ces circonférences sont entr'elles comme leurs raïons *AO. CI.* Donc *T. t* :: *AO. CI.* C. Q. F. D.

PROPOSITION XIII.

Les Distances des globules qui se meuvent dans le plan de l'équateur d'un Tourbillon sphérique, dont les forces Centrifuges de tous ses points font équilibre, sont entr'elles comme les Racines cubi-

ques

ques des quarrés des tems de leurs révolutions $D\ d :: \sqrt[3]{TT}. \sqrt[3]{tt}$.

Soient $A. B$ deux points pris à volonté dans le plan de l'équateur XYZ, soient $D. d$ leurs diftiftances AO, BO au centre O. & $T. t$ les tems de leurs révolutions. Il faut démontrer que $D. d :: \sqrt[3]{TT}. \sqrt[3]{tt}$.

On a vû (Pr. 11) que $V. u :: \sqrt[2]{d}. \sqrt[2]{D}$. & que (Pr. 3. 1) $V. u :: \frac{E}{T}. \frac{e}{t}$. Or ici les efpaces $E. e$. font les circonférences, dont $AO. BO$ ou $D. d$. font les raïons; & ces circonférences font entre elles comme ces raïons. Donc $V, u :: \frac{D}{T}. \frac{d}{t}$. Donc $\frac{D}{T}. \frac{d}{t}. :: \sqrt[2]{d}. \sqrt[2]{D}$. Donc $\frac{DD}{TT}. \frac{dd}{tt}. :: d. D$. Donc $\frac{D^3}{TT}. = \frac{d^3}{tt}$. Donc $D^3 tt = d^3 TT$. Donc $D^3 d^3 :: TT. tt$. Donc enfin $D. d. :: \sqrt[3]{TT}. \sqrt[3]{tt}$. C. Q. F. D.

REMARQUE.

Ainfi fi l'on fçait par exemple

O

que le point *A* eſt 12 ans à faire ſa révolution, & le point *B*, 30 ans ; en prenant les quarrés 144 & 900 des tems, 12 & 30, & tirant les racines cubiques des nombres 144. & 900. que l'on trouve être environ 5 & 9 ; on connoîtra que la diſtance *D*, ou *AO* du point *A*, eſt à la diſtance *d*, ou *BO* du point *B*, comme 5 eſt à 9, ou que *D. d* :: 5 9.

C'eſt la fameuſe régle de Kepler, par laquelle on détermine le rapport des diſtances des Planettes au Soleil, en connoiſſant les tems de leurs révolutions, & qui a été vérifiée à l'égard des Satellites de Jupiter & de Saturne par les Aſtronomes modernes. Mais il eſt à remarquer que cette derniere loi n'a lieu que dans le plan de l'Equateur, & dans les ſuperficies coniques *Omcn*, que forment les raïons *OC* dans la révolution du

Tourbillon fur fon axe *XZ*. Ce
que nous laiffons à démontrer à
ceux qui feront curieux de pa-
reilles recherches ; comme auffi
à déterminer les loix particulieres qui s'obfervent dans les
plans paralleles à l'Equateur.
Voïez Mem. de l'Acc. de 1728.

Or ce que nous venons de démontrer ici, montre clairement
que le fiftême de Defcartes, qui
veut que le Tourbillon foit le
principe du mouvement des Planetes, ne renferme rien de contraire en ce point aux loix des
Mécaniques ; Et eft en même
tems une confirmation bien expreffe de la certitude de nos
principes qui n'auroient pû nous
conduire jufqu'à un point fi éloigné, s'ils n'étoient pas en effet
les loix de la Nature.

On peut encore inférer de là
que la façon dont nous avons
formé le Tourbillon en donnant

d'abord à tous ses points une égale vitesse, & qui d'ailleurs est sans contredit la plus simple, est celle qu'il convient uniquement de supposer dans tous les mouvemens Celestes ; puisque c'est d'elle seule que peuvent émaner les Loix Astronomiques.

Par exemple, si pour déterminer quelle a dû être la figure de la Terre en conséquence de son mouvement autour de son axe, on la suppose d'abord fluide ; il ne faut pas penser que ses points se soient alors mûs comme à présent qu'elle est dure ; ce qui fait que les tems de leurs révolutions sont égaux, & que leurs vitesses sont inégales. Mais il faut penser que lorsqu'elle étoit fluide les forces centrales de tous ses points étoient dans la direction du centre de la Terre vers la superficie, en raison inverse des quarrés, & leurs vitesses en

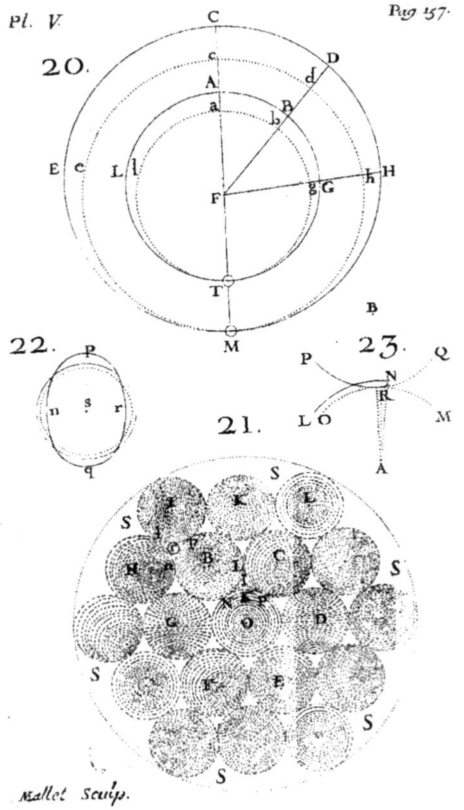

Pl. V.
Pag 157.
20.
C
c
D
d
A
a
B
b
E e L l
F
g G h H
T
M
22.
P
n s r
q
B
23.
P
N
Q
L O
R
M
A
21.
S
I K L
S
S
G F B I C
H I
S
N P
G O D
S
K E
S
S
Mallet Sculp.

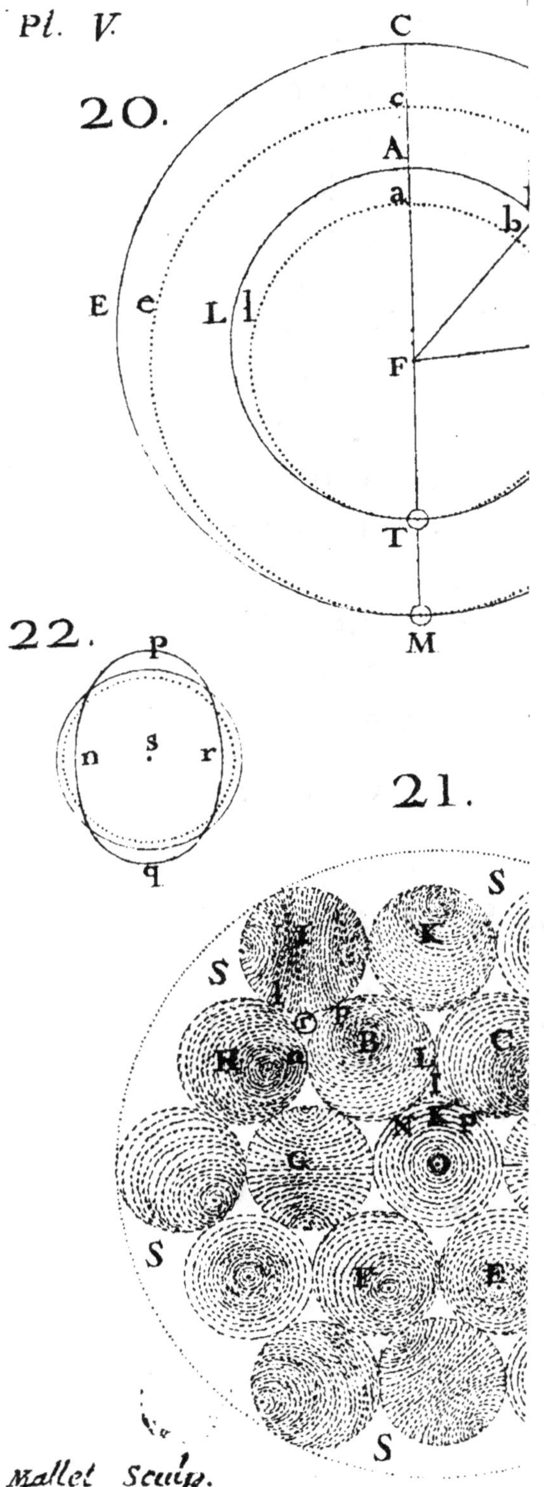

Pl. V.
20.
C
c
A
a
b
E e
L l
F
T
M
22.
P
n s r
q
21.
S
S
S
Mallet Sculp.

raison inverse des racines quarrées de leurs distances à son centre $F. f :: dd. DD.$ & $V. u ::$
$\sqrt{d}. \sqrt{D}.$ Ce qui doit lui avoir
procuré la figure sphérique ,
dont elle ne s'éloigne que de
très peu ; De telle sorte que si
elle ne l'a pas exactement , on
doit attribuer cet effet à quelqu'autre cause qui aura pû mo-
difier l'action de celle-ci , comme pourroit être celle de la situation de son Tourbillon dans
le Tourbillon Solaire.

PROPOSITION XIV.

*Dans le plan de l'Equateur d'un
Tourbillon Sphérique , les Aires
que décrit le raïon d'un point
quelconque mené au centre des
forces , d'où il tend à s'éloigner,
font entr'elles comme les Tems que
le mobile emploie à décrire les
arcs de son orbe , qui terminent
ces Aires.*

C'eſt une autre loi Aſtronomique que Kepler a remarquée, & que l'on a prétendu être dans le Tourbillon incompatible avec la précédente.

Soit le cercle *Mecdh* (fig. 20) l'équateur d'un Tourbillon Sphérique, dont tous les points en circulant tendent à s'éloigner du centre *F* de ce cercle, & *T* un point pris à volonté dans le plan de ce même cercle ; il eſt clair que le point *T* décrira une circonférence de cercle *Tlabg*, concentrique à la circonférence *Mecdh* ; d'où il ſuit qu'étant arrivé au point *a*, par exemple, & venant au point *b*, ſon raïon *FT* ou *Fa*, aura décrit une Aire *FabF*, & qu'étant arrivé du point *b* au point *g*, ſon raïon *FT* ou *Fh* aura décrit une autre Aire *FbgF*. Il faut démontrer que dans ce cas les Aires *Fab*, *Fbg* que le raïon *FT* aura décri res, font entr'elles comme les Tems $T. t$ que le mobile aura emploïé à parcourir les arcs ab, bg; ou ce qui revient au même, qu'en tems égaux le raïon FT décrira des Aires égales.

On fçait déja que dans un Tourbillon Sphérique tous les points tendent à s'éloigner du centre F du Tourbillon; Qu'ils décrivent des circonférences de cercle dont tous les points font également diftans du centre F; Et qu'ils fe meuvent dans ces circonférences avec des vitefles égales.

D'où il fuit qu'en tems égaux le point T décrira des arcs égaux ab, bg, ou en tems inégaux des arcs ab, bg, qui feront entr'eux comme ces tems $T. t$.

Or dans le cercle les Aires Fab, Fbg font entr'elles comme les arcs ab, bg. Donc ces Aires feront entr'elles comme ces tems. Donc *Fab*. *Fbg* :: *T*. *t*.

On démontrera de même que le Raïon *FM* du point *M*, parvenu en *C*, décrira des Aires *Fcd*, *Fdh* proportionnelles aux tems que le point *M* aura emploïé à parcourir les arcs *cd*, *dh*; & que sa vitesse en *M* sera égale à sa vitesse en *c* ou en *d*; comme la vitesse du point *T* en *T* est égale à sa vitesse en *a* ou en *b*; sans que cela empêche que la vitesse *V* du point *T* dans son orbe *Tlabg*, ne soit à la vitesse *u* du point *M* dans son orbe *Mecdh* en raison inverse des racines des distances *TF*, *MF* ou *D*, *d*: ou qu'on n'ait *V*. *u* :: $\sqrt{d}$. $\sqrt{D}$. ni que par conséquent les distances des points *T*, *M*, ne soient entr'elles comme les racines cubiques des quarrés des tems de leurs révolutions; ou qu'on n'ait *D*. *d* :: $\sqrt{TT}$. $\sqrt{tt}$. Donc &c. C. Q. F. D.

REM.

REMARQUE.

On voit donc clairement que les deux loix Astronomiques de Kepler s'accorderont dans le Tourbillon Sphérique ; Et que par conféquent fi les Satellites de Jupiter, qui décrivent des cercles concentriques à cet Aftre, fe meuvent en vertu d'un Tourbillon ; leurs diftances au centre de Jupiter pourront être entr'elles comme les Racines cubiques des quarrés des tems de leurs révolutions, fans que cela empêche que leurs raïons vecteurs ne décrivent des Aires proportionnelles aux tems que chacune de ces Planetes emploïe à parcourir les divers arcs de fon orbe.

On verra dans la fuite qu'il en fera de même à l'égard des Planetes qui circulent autour du Soleil, quoique

ces Planetes décrivent des Ellip-
ses *TLAG*, *MECH*, dont le Soleil est le Foïer commun ; & que
les points de leurs orbes n'étant
pas à une égale distance du centre de leurs mouvemens, leurs
vitesses ne soient pas uniformes.
Comment les points *A*, *M*, étant
pris à une égale distance du
Foïer *F*, & les distances *F T*,
F M, ou *FT*, *F A* des points *T*,
M, ou *T*, *A*, étant, par exemple, comme 4 à 9 ; les vitesses
des points *T*, *M* pourront être
comme $\sqrt{FM}$ à $\sqrt{FT}$. ou comme $\sqrt{9}$ à $\sqrt{4}$, ou comme 3 à 2,
ou 9 à 6 ; Tandis que les vitesses
des points *T*, *A*, ne feront que
comme *FM* à *FT*, ou comme 9
à 4 ; & par conséquent comment
la vitesse en *M* fera à la vitesse
en *A*, comme 6 à 4, quoique
par la supposition les points *A*,
M foient à une égale distance du
foïer *F*. *Voi. Mem. de l'Ac.* 1733.

Fin de la seconde Leçon.

LEÇON III.

DES
TOURBILLONS
COMPARE'S ENTR'EUX,
ET DU TOURBILLON
Composé de petits Tourbillons.

PROPOSITION I.

Ni le mouvement en lignes droites, ni le mouvement en lignes courbes, qui se croisent, ou qui ne rentrent pas en elles-mêmes, n'a pû être introduit dans la matiere d'une façon durable.

CAR quoique (Pr. 4. 1) un corps en mouvement tende continuellement à se mouvoir en ligne droite , il eſt néanmoins impoſſible que dans le Plein toutes les parties de la matiere , qui eſt impénétrable , aïent pû continuer long-tems à ſe mouvoir les unes de droit à gauche , les autres de gauche à droit ; celles-ci de haut en bas , celles-là de bas en haut , & dans tous les ſens contraires imaginables : ni ſelon des lignes droites , ni ſelon des lignes courbes qui ſe croiſent , ou qui ne rentrent pas en elles-mêmes, ſans ſe rencontrer , ſe détourner de leurs routes , ſe choquer en ſens contraires , perdre de leurs mouvemens ſelon les loix des Mécaniques (Pr. 5. 1) , que Deſcartes n'avoit pas bien déterminées ; & demeurer à la fin ſans aucune action.

Il n'eſt donc pas poſſible d'admettre dans le ſiſtême du Plein un mouvement auſſi confus , ſans concevoir en même tems qu'il ne peut être que de peu de durée ; & inutile par conséquent à la génération constante & perpétuelle des effets de la nature. Donc &c. C. Q. F. D.

PROPOSITION II.

Le mouvement en Tourbillons, soit sphériques, soit elliptiques, a pû être introduit dans la maticre, sans le secours du Vuide, & s'y conserver perpétuellement.

Car la maniere la plus simple de concevoir l'introduction du mouvement dans le Plein, est de distinguer d'abord dans cet espace impénétrable, un ou plusieurs grands globes qui s'y meuvent sur quelqu'un de leurs diamétres ; parce que tous les points de la superficie d'un globe étant à une égale distance de son centre ; ce globe dans quelque situation que ce mouvement le mette, n'éxige pas plus de distance dans l'une que dans l'autre situation. D'où il suit qu'il n'est nullement nécessaire, pour concevoir ce mouvement, d'avoir recours au Vuide.

Or un pareil mouvement aïant pû être introduit de la même façon dans toute l'étenduë de chacun de ces premiers Globes, puisque l'on conçoit que sa matiere a pû être distribuée en petits globules qui se mouvront chacun à part sur quelqu'un de leurs diamétres ; on voit que ces Globes auront pû être transformés en autant de Tourbillons sphériques placés d'espace en espace, dans une matiere homogene, dont les parties sont en repos, & ne résistent point au mouvement ; Et que par conséquent (Prop .8. 2) ils se feront agrandis sans changer leur forme sphérique, jusqu'à ce que venant à s'entre-toucher, ils aïent enfin formé un espace *SS* (fig. 21) rempli de Tourbillons *ABCD*, &c. qui se balanceront mutuellement ; & dont tous les points décrivant des circonférences de cercle, ne cesseront (Pr. 1. 2) de se mouvoir chacun avec la vitesse qu'il aura enfin acquise selon les loix de la circulation. Donc &c. C. Q. F. D.

PROPOSITION III.

Un Espace rempli de Tourbillons sphériques égaux & semblables, demeurera dans le même état, quelle que soit la situation d'un de ces Tourbillons à l'égard des autres.

Descartes avoit posé pour fondement de la Phisique, que toute la Matiere, dont il supposoit que l'Univers étoit rempli, s'étoit distribuée, dès que le mouvement y fut introduit, en de très-grands Tourbillons, *A*, *B*, *C*. *D*, &c. (fig. 21) dont les Etoiles fixes, au nombre defquelles il comptoit le Soleil, étoient les centres ; Mais on a été long-tems à bien comprendre comment tous ces Tourbillons pouvoient durer fans fe détruire mutuellement.

Car comme on n'avoit encore confideré que les proprietés du Tourbillon cilindrique, & qu'on ne s'étoit pas même douté que celles du Tourbillon fphérique en fuffent beaucoup différentes ; On s'imaginoit qu'un Tourbillon ne pouvoit avoir autant de force pour fe deffendre du côté des Poles, que du côté de l'Equateur ; & l'on craignoit que ceux des Tourbillons environnans, qui preffoient celui-ci par ces endroits foibles, ne duffent l'enfoncer jufqu'au centre, & le détruire en peu de tems.

Mais on n'étoit dans cette crainte que faute d'avoir bien approfondi le mouvement circulaire. Car, comme nous avons démontré, (Pr. 7. 2) que les points d'un Tourbillon fphérique qui font voifins des Poles, ont autant de force pour s'éloigner du centre, que ceux qui circulent dans le plan de l'Equateur ; il s'enfuit qu'un efpace folide SS. (fig. 21) ne peut être rempli de Tourbillons égaux & femblables, que ces Tourbillons ne fe compriment mutuellement, & également de toute part, & qu'ils n'ayent par conféquent une figure peu differente de la fphérique.

En effet tous les petits globules, qui feront à la fuperficie de chacun des Tourbillons, comme O, qui rempliront l'efpace

SS, aïant une égale force centrale ; ni ces points, ni ceux des couches inférieures, dont les forces centrales sont aussi égales entrelles, & ainsi de suite jusqu'au centre *O*, ne pourront être repoussés vers le centre *O*, plûtôt du côté des Poles que du côté de l'Equateur. Et il en sera de même des autres Tourbillons *B*, *C*, *D*, &c.

D'où il suit que de quelque façon que le Tourbilon *O* soit situé parmi les Tourbillons *B*, *C*, *D*, *E*, &c. qui l'environnent de toute part, un de ces Tourbillons *B*, par exemple, ne pourra enfoncer le Tourbillon *O* du côté *N* qui lui est opposé, à moins qu'il n'ait plus de force que le Tourbillon *O* Il en sera de même des autres. L'espace *SS* rempli de Tourbillons demeurera donc dans le même état. Donc, &c. C. Q. F. D.

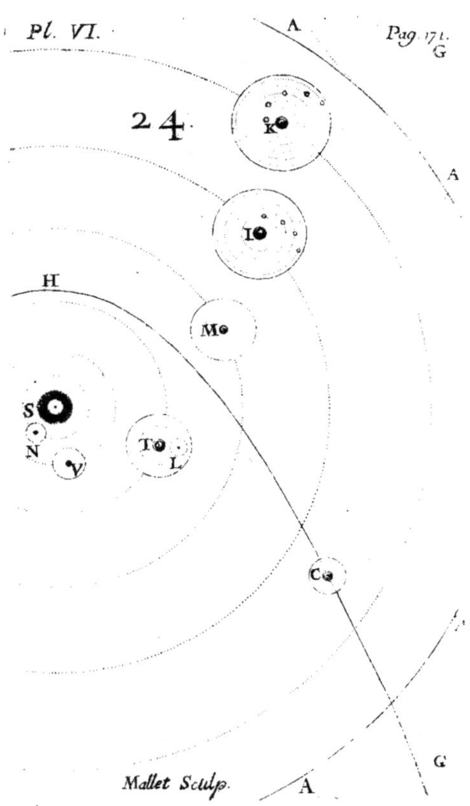

Pl. VI.
Pag. 171.
A
G
A
24
G
k
I
H
M
S
N
T
V
L
C
G
A
Mallet Sculp.

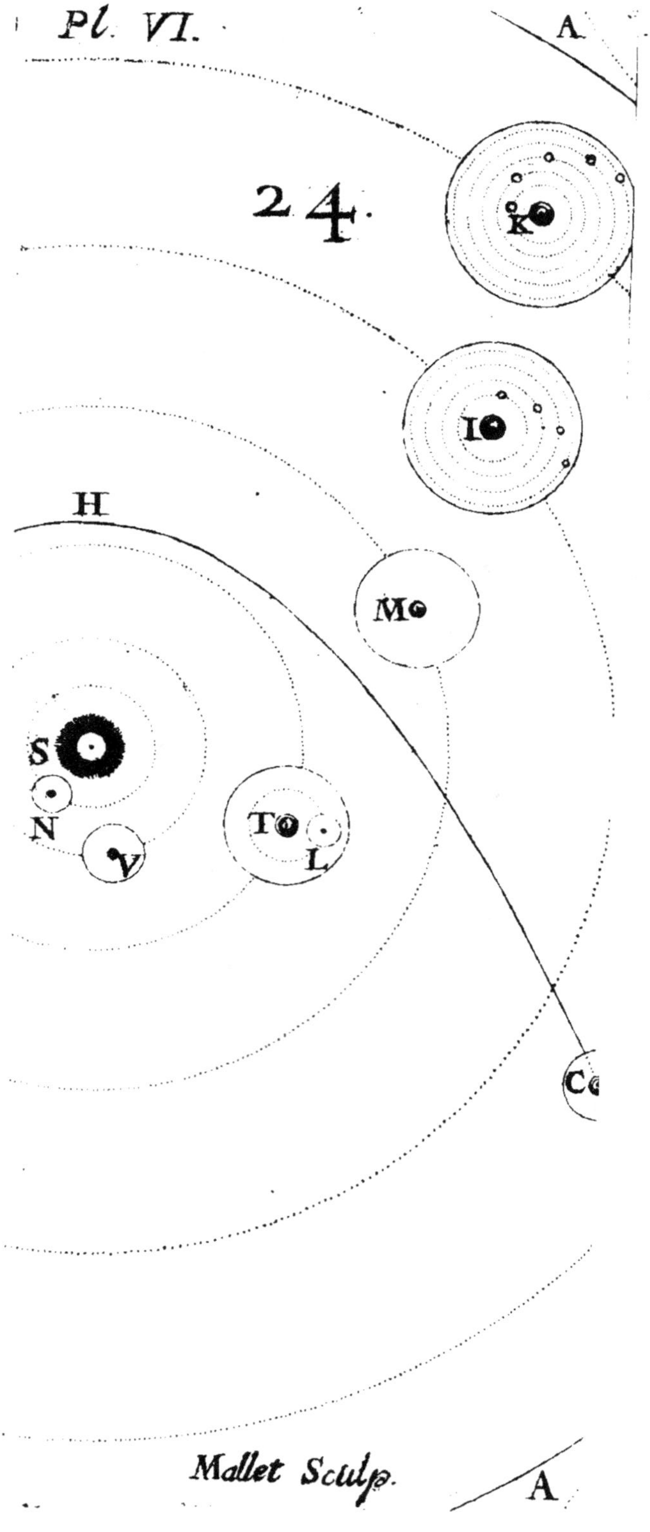

Pl. VI.
24
A
H
S
N
V
T
L
M
I
K
C
A
Mallet Sculp.

REMARQUE.

Defcartes après avoir diftribué, comme nous venons de le dire, toute la matiere en de très-grands Tourbillons, dont le Soleil & les Etoiles fixes, qu'il confideroit comme autant de Soleils, étoient les centres ; penfoit encore que chacun de ces grands Tourbillons contenoit en lui-même d'autres Tourbillons beaucoup plus petits, mais très-grands par rapport à nos mefures ordinaires, dont les Planetes au nombre defquelles il mettoit la Terre, occupoient les centres ; Et que ces Tourbillons planetaires étant placés à diverfes diftances du centre du grand Tourbillon qui les contenoit, y circuloient comme tout le refte de la matiere felon les loix du mouvement.

Que fouvent ces Tourbillons

subalternes en contenoient d'autres encore plus petits, dont d'autres Planetes plus petites que les premieres, étoient les centres, lesquels circuloient dans les Tourbillons des Planetes principales, comme ceux-ci circuloient dans le grand.

Qu'ainsi dans le Tourbillon Solaire (fig, 24) dont le Soleil *S* occupe le centre, & que l'on peut prendre pour le Tourbillon *O* (fig. 21), il y avoit six tourbillons subalternes, aux centres desquels étoient Mercure *N*, Venus *V*, la Terre *T*, Mars *M*, Jupiter *I*, & Saturne *K*.

Que dans le tourbillon de la Terre, étoit compris un tourb. plus petit, dont la Lune *L* occupoit le centre. Dans celui de Jupiter quatre. Et dans celui de Saturne cinq Lesquels avoient tous chacun à leurs centres des Planetes subalternes semblables

à la Lune, qu'on nomme les Satellites de Jupiter & de Saturne.

Qu'outre les tourbillons des
Planetes il y en avoit d'autres,
comme *C*, qui fortoient des
grands tourbillons comme *G*, &
paffoient dans d'autres tourbillons, comme *A A S*, fans y fe-
journer long tems, ne faifant
que les traverfer en divers fens,
comme *G C H*; & aux centres def-
quels étoient les Comettes.

Mais je n'entreprendrai pas
ici de refoudre dans le détail les
difficultés qu'on a formé contre
cette hipothefe; car pour le faire
avec précifion, il faut avant
toutes chofes paffer par plufieurs
milieux, qu'il eft néceffaire de
bien diftinguer. Je ne laifferai
pas néanmoins de la propofer
comme la feule idée d'où l'on
puiffe déduire mécaniquement
tous les Phénoménes du Ciel &
de la Terre.

PROPOSITION IV.

Des Tourbillons Sphériques, renfermés dans un espace solide SS, pourront y conserver leur sphéricité.

Car si l'on veut par exemple que la matiere du Tourbillon O, se mouvant de N vers P, s'étende vers I, dans l'espace angulaire NPL, que nous suppofons ici rempli de points femblables à ceux dont les tourbillons O, B, C, font compofés, mais qui font encore en repos; je dis en premier lieu, que le point N du tourbillon O, ne pourra parcourir la courbe NIP dans un tems égal à celui qu'il auroit mis à parcourir l'arc de cercle NKP: tant parce qu'il perdra de fa viteffe, en la communiquant aux points qui occupent cette route, que parce que la

courbe *NIP* eſt plus longue que
l'arc *NKP*.

Je dis en ſecond lieu que
ſuppoſé que le point *N* ſoit
parvenu au point *I*, comme il
eſt ſuivi d'un autre point *N*, qui
aura plutôt parcouru *NKP*, que
e point *I* n'arrivera en *P* ſ le
point *I*, & ſes ſemblables, de‑
meureront engagés dans l'eſpace
angulaire *NPL*, & ne feront
point partie du tourbillon *O* ; il
en ſera de même partout ailleurs.

Les tourbillons contenus
dans leſpace *SS*, conſerveront
donc leur forme ſphérique, &
continuëront ſans ceſſe à circu‑
ler comme ils auront commencé
de le faire. Et les points conte‑
nus dans l'eſpace ſolide *NLP* ;
ou demeureront en repos, ou
ne recevront des tourbillons en‑
vironnans *O*, *B*, *C*, &c. que des
mouvemens iréguliers. Donc,
&c. C. Q. F. D.

PROPOSITION V.

Si un Tourbillon contenu dans un espace SS, rempli de Tourbillons, a plus de force centrale que ceux qui l'environnent, le Tourbillon s'étendra aux dépens des Tourbillons voisins, B, C, D, E, &c. jusqu'à ce que sa force centrale devienne égale à celle des autres.

Car par la supposition le Tourbillon O aïant plus de force centrale que ceux qui l'environnent, l'équilibre de ces forces cessant, la plus forte doit emporter la plus foible. Mais le tourbillon O, à moins que sa force centrale ne soit prodigieusement plus grande que celle des autres, ne s'étendra pas bien loin au-delà de ses premieres bornes.

Car (Pr. 1. 2) à mesure que le tourbillon

tourbillon *O*, s'étendra, la force centrale des points de la fuperficie diminuera dans la raifon inverfe des quarrés des diftances : Et celle des points des fuperficies des Tourbillons environnans augmentant dans la même proportion à mefure que ces Tourbillons diminueront, il faut néceffairement que l'équilibre furvienne entre les forces centrales du Tourbillon *O*, & celles des Tourbillons qui l'environnent. Donc, &c. C. Q. F. D.

PROPOSITION VI.

Dans l'agrandiffement d'un Tourbillon, la quantité du mouvement contenu, tant dans ce Tourbillon que dans les Tourbillons qui l'environnent, demeurera toujours la même.

Comme dans l'agrandiffement

d'un Tourbillon *A* (fig. 23) qui circule dans le sens *MNO* , aux dépens d'un autre Tourbillon *B*, qui peut circuler en sens contraire *PNQ*, il est nécessaire que les points du Tourbillon *B* qui se meuvent de *N* vers *Q* , & qui entrent dans le Tourbillon *A*, ne puissent continuer à se mouvoir que dans un sens contraire *NO* ; Il y a lieu de craindre (Pr. 3.1) que les points du Tourbillon *A* venant à choquer en sens contraire les points du Tourbillon *B*, les forces contraires de ces points ne se détruisent, & que tant la somme des forces du Tourbillon. *A* , que celle du Tourbillon *B* , ne diminuent considerablement.

Cependant si l'on considere que ce n'est qu'en vertu de la force centrale du Tourbillon *A*, que ce Tourbillon peut s'agrandir aux dépens d'un autre *B* , &

que la direction AR de cette
force, qui est du centre A à la
superficie MRO du Tourbillon
A, n'agissant (Pr. 1. 2) que par
des secousses infiniment petites,
sur la matiere du Tourbillon B,
qui se meut dans la circonférence PRQ, de la même façon
que la pesanteur agit sur un
corps que l'on pousse horizontalement, & qui décrit une
courbe ; on verra que la matiere qui circule dans la circonférence MR du Tourbillon A,
ne peut entraîner vers RO la
matiere du Tourbillon B, qui se
meut dans la circonférence PR,
& qui tend vers Q, qu'il ne lui
fasse décrire une courbe $PRNL$,
semblable au Folium de Descartes.

Or il est démontré (Pr. 1. 2)
qu'un corps qui se meut dans
une ligne courbe quelconque,
ne perd point de sa vitesse, ni

Q ij

par conféquent de fa force mouvante. On conçoit donc que
dans l'agrandiſſement d'un
Tourbillon *A*, la matiere des
Tourbillons environnans peut
très-bien paſſer dans le Tourbillon *A*, ſans que la ſomme
des forces mouvantes de tous
ces Tourbillons diminuë. Donc
&c. C. Q. F. D.

PROPOSITION VII.

*Un Tourbillon, & un Milieu rem-
pli de tourbillons, eſt un corps
ſouple, élaſtique ou à reſſort.*

Car un Corps ſouple, élaſtique
ou à reſſort, eſt celui qui aïant été
comprimé, ou contraint, par quelque cauſe que ce puiſſe être, de
changer ſa figure, ou la diſpoſition de ſes parties, reprend auſſi-
tôt que la cauſe qui le comprime
ceſſe d'agir, la même figure, & la
même diſpoſition qu'il avoit

avant que d'avoir été comprimé.

Or c'est précisément ce qui doit arriver à un Tourbillon *S* (fig. 22). Car si par quelque cause que ce puisse être, de rond qu'il est, il devient ovale ; dès que la cause qui le comprime dans la direction de son petit diamétre *NR* cessera, ou diminuëra tant soit peu , le Tourbillon reprendra aussi-tôt sa premiere figure ; son petit diamétre *NR* s'alongera , & son grand diamétre *PQ* s'acourcira , jusqu'à ce que l'un soit devenu égal à l'autre. Par la raison que les points dont le Tourbillon *S* est composé , & qui circulent continuellement autour de son centre , ont (Pr. 10. 2) d'autant plus de force centrifuge qu'ils sont plus voisins du centre. Ainsi les points qui circuleront vers le petit diamétre *NR* aïant plus de force pour s'éloigner du centre *S*, que tous les autres, ils s'en écarteront aussitôt que la force, qui les contraint de circuler à la distance où ils se trouvent, cessera d'agir : ou que son action diminuëra ; Et ils le feront d'autant plus promptement que leurs circulations seront plus promptes.

Or il est évident que la même chose doit arriver à un milieu *SS*, (fig. 21) composé de Tourbillons ; sur-tout si les tourbillons qui le composent sont très-petits. Car à vitesse égale, plus les tourbillons sont petits, plus la circulation de leurs points est prompte ; Or plus la circulation des points d'un tourbillon sera prompte, plus leur force centrifuge sera grande. Par conséquent plus un tourbillon est petit, plus son ressort ou son rétablissement dans la forme sphérique doit être prompt.

Donc &c. C. Q. F. D.

PROPOSITION VIII.

Dans un Tourbillon composé de petits Globules durs, la force & la vitesse des points supérieurs ne peut passer de la superficie au centre, comme elle peut passer du centre à la superficie.

Nous avons vû (Prop. 8. 2) comment la force & la vitesse des points d'un tourbillon, lorsque ces points étoient supposés de petits globules durs, pouvoient passer du centre à la superficie; A cause que les points inférieurs allant plus vîte que les points supérieurs, & achevant plutôt leur circulation , choquoient nécessairement les points supérieurs, & pouvoient les contraindre à circuler plus promptement.

Mais il ne paroît pas, comme
Q iiij

l'a très-bien remarqué M. Newton, que dans cette hipothéfe, à
moins que les points fupérieurs
n'aillent plus vîte que les points
inférieurs , & qu'ils n'aïent plûtôt achevé leur circulation ;
il ne paroît pas , dis-je , que ces
points confiderés comme des
Globules durs, puiffent par le
même moïen contraindre les
points inférieurs d'achever leur
circulation plus vîte qu'ils n'a-
chevent la leur ; Ce qui eft contraire à la loi de l'équilibre des
forces d'un Tourbillon expliquée (Pr. 11. 2) qui exige, que la
viteffe des points inferieurs foit
en raifon inverfe des racines
des diftances, & par conféquent
plus grande que celle des points
fupérieurs.

Ainfi , fuppofé que par quelque caufe que ce puiffe être , les
points fupérieurs d'un Tourbillon aïent autant, ou plus de vi-

tesse que ses points inférieurs ;
de telle sorte néanmoins qu'ils
n'achevent pas si promptement
leur circulation ; il est clair,
qu'à⁺ moins que le Tourbillon
ne s'agrandisse, comme nous
l'avons montré (Pr. 9. 2) jamais
ces points, s'ils sont durs, ne parviendront à suivre la loi de l'équilibre , selon laquelle les vitesses
des points doivent être en raison inverse des racines des distances : & les forces centrales
en raison inverse des quarrés
des distances , & par conséquent
plus grandes auprès du centre
que vers la superficie. Donc
&c. C. Q. F. D.

REMARQUE.

Mais il n'est nullement nécessaire de supposer avec Descartes , que les grands Tourbillons du Soleil , des Etoiles, &
des Planetes , soient remplis de

petits Globules durs, Car nous n'avons suivi jufqu'à prefent cette hipotefe, que pour ne pas trop embraffer de difficultés à la fois, & donner à comprendre comment les points qui compofent un Tourbillon pouvoient conferver dans leurs mouvemens la forme fphérique.

En effet d'où viendroit la dureté de ces petits corps ? La matiere (Pr. 2. 1) n'a de force que celle que le mouvement peut lui procurer ; Et l'on ne voit pas que, de ce que des globules circulent autour d'un centre commun, les parties de ces petits corps doivent apporter de la réfiftance à leur divifion. Elles font dira-t'on, en repos les unes auprès des autres : Mais le repos n'a point de force capable de refifter au mouvement ; Et l'expérience démontre que le moindre corps en mouvement ébranle le plus grand corps lorsqu'il le choque. Ces globules ne peuvent donc conserver leur forme sphérique, à moins qu'on ne les transforme en de petits tourbillons qui, se balançant les uns les autres dans toute l'étendüe du grand Tourbillon qui les entraîne, y subsisteront de la même façon, & par les mêmes loix que les grands Tourbillons subsistent dans l'Univers ; dans quelqu'ordre & arrangement que ces petits Tourbillons puissent être entr'eux. Car ils se deffendront de l'action de leurs voisins de la même façon que les grands, & avec autant de force du côté de leurs poles que du côté de leurs équateurs. On voit par là de quelle importance il est pour la Phisique de bien connoître les proprietés du Tourbillon composé, dont nous allons traiter dans les Prop. suiv.

PROPOSITION IX.

Dans un Tourbillon composé de petits tourbillons, la Force centrale, avec laquelle chacun des points de ce Tourbillon tendra à s'éloigner du centre, sera plus grande que celle avec laquelle chacun de ces mêmes points tendroit à s'éloigner du même centre, si tout le reste étant égal, le Tourbillon étoit simple, ou formé de petits globules durs.

Jusqu'à présent nous n'avons consideré le Tourbillon Y (fig. 19) que comme composé de petits globules, qu'on a supposé durs, afin de concevoir avec plus de facilité comment ils conservoient leur forme sphérique. Mais maintenant que nous avons vû (Prop. 4) qu'un espace SS (fig. 21 (pouvoit être rempli de Tourbillons sphériques, & de meurer éternellement dant cet état; rien n'empêche que nous ne transformions tous ces petits globules en autant de petits tourbillons, fans crainte qu'ils fe détruifent mutuéllement.

Si donc , comme il convient de le faire (Pr. 1. 1) pour éviter la multiplicité des principes, & pour ne pas imaginer dans la Nature une force indépendante de la force mouvante d'où procede la dureté : mais regarder plutôt la dureté comme un Phénomene compofé qui procede du mouvement, & qui doit fe déduire des loix de l'impulfion ; fi l'on fuppofe , dis-je,; que les globules qui forment un grand Tourbillon Y, font eux-mêmes autant de petits tourbillons qui tournent autour de leurs propres centres,

Alors nous concevrons que le Tourbillon Y (fig. 19) étant fimple , ou n'étant compofé que de petits globules durs , les centres des globules compris dans un de fes raïons *OA* ou *OC* , tendront bien (Pr. 6. 2) à s'écarter du centre *O* du grand Tourbillon *Y* , à caufe de leurs mouvemens circulaires dans la fuperficie *OMAN* de l'Equateur , ou du Cone *Omen* : mais que les centres de ces globules bien loin de tendre à s'écarter l'un de l'autre , tendront au contraire , à s'approcher mutuellement, puifque (Pr. 10. 2) la tendance qu'a le point inférieur à s'éloigner du centre *O* , eft plus grande que celle qu'a le point fupérieur à s'éloigner du même centre.

Mais fi les globules du Tourbillon *Y* font de petits Tourbillons, non-feulement les centres de ces petits Tourbillons, compris dans les raïons *OA* ou *OC* , tendront à s'écarter du centre *O*, avec autant de force qu'auparavant, à cauſe de la force centrale que leur procure- ront leurs mouvemens circulai- res dans le plan de l'Equateur *OMAN*, ou dans la ſuperficie du Cone *Omcn*. Mais ſi l'on fait attention que les centres de deux Tourbillons contigus qui s'étendent, ou qui tendent à s'étendre ; doivent auſſi s'éloi- gner, ou tendre à s'éloigner l'un de l'autre ; On verra que tous les centres des petits Tourbil- lons dont un grand Tourbil- lon *Y* ſera compoſé, & par con- ſéquent les centres de ceux qui feront compris dans le raïon *OA* ou *OC*, tendront mutuelle- ment à s'écarter l'un de l'autre ; à cauſe des forces centrales *par- ticulieres* que leur procure le mouvement circulaire que les points, dont ces petits tourbil- lons ſont compoſés, ont autour de leurs propres centres.

Ou, ce qui revient au même, non seulement chacune des couches du Tourbillon composé tendra à s'écarter de toute part du centre O, avec une égale force, comme dans le Tourbillon simple : mais toutes ces couches tendront encore à s'épaissir, & par conséquent à s'écarter du centre O, avec plus de force.

L'effort que fera le raïon OA, ou tout autre raïon OC composé de petits Tourbillons, contre le point A ou C de la superfici e Y, étant donc produit par deux causes : dont l'une est celle qui procede du mouvement circulaire de ces petits tourbillons dans la superficie de l'Equateur $OMAN$, ou du Cone $Omcn$, est égale à celle qui se rencontre seule dans le tourbillon simple, & peut être appellée force centrale *commune* : Et l'autre

l'autre , qui procede du mouvement circulaire des points
dont ces petits tourbillons font
composés , & peut être appellée force centrale *particuliere ;*
L'effort, dis-je, que fera le raïon *O A*, ou tout autre raïon *OC*,
composé de petits tourbillons ,
contre le point *A* ou *C* , fera
donc plus grand que l'effort qu'il
y feroit s'il n'étoit composé que
de globules durs.

Donc, &c. C. Q. F. D.

PROPOSITION X.

Dans un Tourbillon composé de pe
tits tourbillons , la vitesse des
points de la superficie de chaque
petit tourbillon , sera égale à la
vitesse de son centre, dans la cir
conférence qu'il décrit autour du
centre du grand Tourbillon.

Car un petit tourb. *A* (fig. 16)

qui se meut le long d'une circonférence *MNM*, ne peut la
parcourir que son centre *A* ne
décrive une pareille circonférence concentrique *Am*, dont le
raïon ne peut être que très-peu
different du raïon de la précédente. D'où il suit que la vitesse
du centre *A* de ce petit tourbillon ne peut augmenter, que celle
du point *N* de sa superficie, qui
touche l'arc *MM*, n'augmente
en même tems.

Il en sera donc de même des
points qui circuleront à la superficie du petit tourbillon *a* ou *c*
(fig. 19.); Car ces points devant
tous avoir (Pr. 8. 2) une égale
vitesse, ils auront tous autour
des centres de ces petits tourbillons une vitesse égale à celle
de leurs centres autour du centre *O* du grand Tourbillon *Y*. Et
il en sera de même des autres.
Donc, &c. C. Q. F. D.

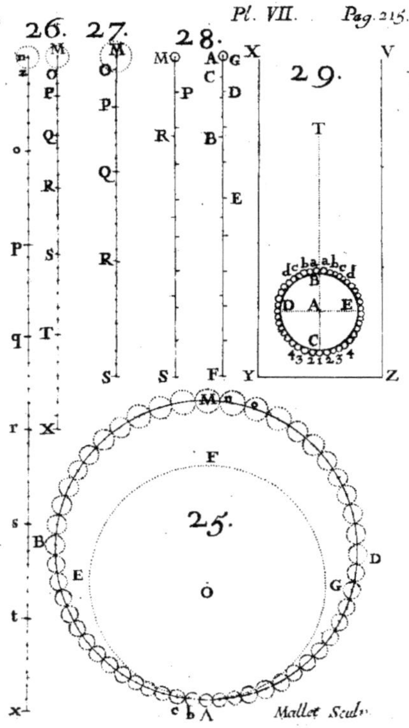
26. 27. 28. 29.
M
O
P
Q
R
S
T
X
M
O
P
Q
R
S
M
R
S
A C B E F
G D
X V
T
S Y Z
d c b a a b c d
B
D A E
C
4 3 2 1 1 2 3 4
n z
o
P
q
r
s
t
x
M n o
F
25.
O
B
E
D
G
c b A
Mallet Sculp.

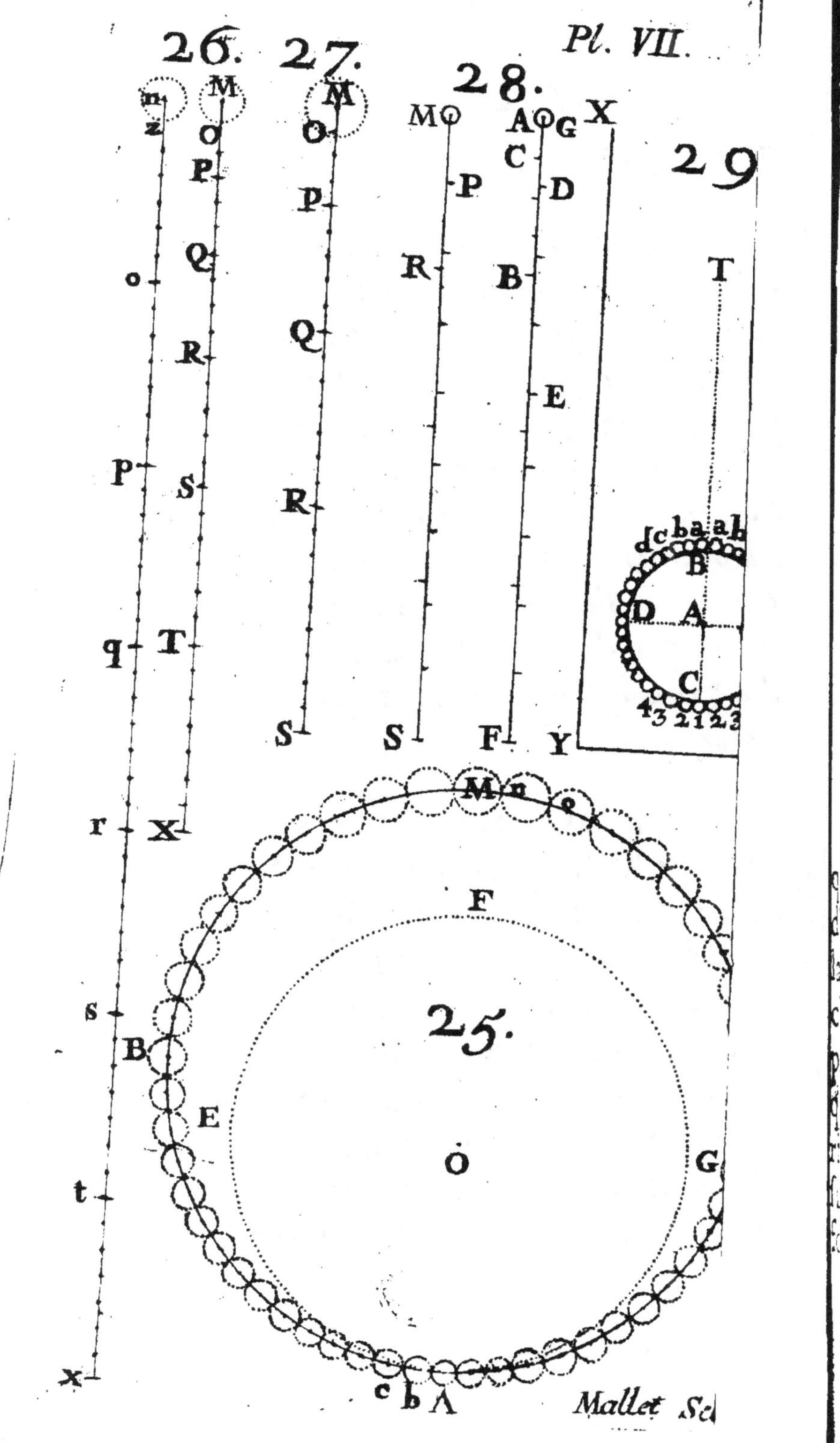

Pl. VII.
26. 27. 28.
29
25.
Mallet Sc

PROPOSITION XI.

Dans un Tourbillon compofé, fi la Viteffe avec laquelle les petits tourbillons fupérieurs circulent autour de leurs propres centres, eft plus grande, par rapport à celle des inférieurs, qu'elle ne doit l'être; la Viteffe des fupérieurs paffera aux inférieurs, & fe tranfmettra de la fuperficie au centre, & du centre dans toutes les couches du grand Tourbillon jufqu'à fa fuperficie.

Car 1°. fi les petits tourbillons qui forment la premiere couche d'un grand Tourbillon Y (fig. 19) la plus éloignée de fon centre O, circulent autour de leurs propres centres avec plus de viteffe que ceux de la couche inférieure ; Alors on verra que les fupérieurs auront auffi plus de force centrale que les inférieurs

qu'ils touchent ; Que les tourbillons supérieurs s'agrandiront
par conséquent (Pr. 5) aux dépens des inférieurs ; & que par
ce moïen leur force centrale
particuliere rediminuëra.

Les petits tourbill. inférieurs
étant par là dépoüillés de leurs
premieres enveloppes, les points
de leurs superficies nouvelles seront plus proche de leurs centres, & auront par conséquent
(Pr. 7. 10) plus de vitesse & plus
de force centrale que les points
de la couche qui leur a été enle-
vée n'en avoient. Ils auront donc
aussi eux-mêmes plus de force
centrale qu'ils n'en avoient auparavant. D'où il suit clairement que leur force centrale
étant par ce moyen devenuë
plus grande que celle des petits
tourbillons de la troisiéme couche qu'ils touchent, les tourbillons de cette seconde couche

doivent aussi s'agrandir à leur tour aux dépens de ceux de la troisiéme, & perdre par conséquent de leur force centrale. Et ainsi de suite jusqu'au petit tourbillon qui occupe le centre du grand tourbillon.

2°. Le petit tourbillon O qui est au centre du grand Tourbillon aïant été dépoüillé à son tour de sa premiere enveloppe, on voit que les points de sa superficie circuleront autour du centre O avec plus de vitesse qu'ils ne faisoient. D'où il suit (Pr. 8. 2) que le petit tourbillon central O, que l'on peut considerer comme la premiere couche du grand tourbillon, contraindra les petits tourbillons de la couche supérieure qu'il touche, à circuler plus vîte qu'ils ne faisoient autour du centre O. Ceux-ci à leur tour hâteront la circulation des petits tourbillons de la couche suivante autour du même centre *O*. Et ainsi de suite en remontant jusqu'à la superficie du grand Tourbillon, comme il a été expliqné (Pr. 8.2)

On comprend donc distincte-ment comment, dans un tour-billon composé de petits tourbil-lons, le mouvement surabondant des supérieurs peut d'abord pas-ser dans les inférieurs, & se transmettre successivement de la superficie du grand tourbillon. jusqu'à son centre, & de là pas-ser dans les couches du grand tourbillon, & se distribuer dans tous ses points. Donc &c. C. Q.

PROPOSITION XII.

Dans un Tourbillon composé, la Vi-tesse de ses points peut également passer de la superficie au centre, comme du centre à la superficie; Et du grand tourb. dans les petits, comme des petits dans le grand.

1°. Nous avons vû (Pr. 8- 2) comment la viteffe des points d'un tourbillon pouvoit paffer du centre à la fuperficie ; Il faut maintenant montrer comment dans un tourbillon compofé, elle peut également paffer de la fuperficie au centre.

Suppofé donc que les petits tourbillons qui font à la fuperficie du grand Tourbillon , circulent plus vîte autour de fon centre O que la loi de Kepler ne l'exige ; Je dis que quoique ces petits tourbillons puiffent ne pas achever fi promptement leur circulation autour du centre O, que ceux de la fuperficie inférieure qu'ils touchent , l'excès de leur mouvement ne laiffera pas de s'y tranfmettre , & de paffer jufqu'au centre O du grand tourbillon.

Car il eft clair (Prop. 10) que la viteffe des petits tourbillons de la premiere couche *XYZ* ne peut augmenter, ou leurs centres aller plus vîte dans la circonférence *MAN* ou *mcn*, que les points dont ils font formés, ne circulent auffi plus vîte autour de leurs propres centres.

Or la viteffe de ces petits tourbillons ne peut augmenter dans les circonférences *MAN*, *mcn* de leurs couches *XYZ*, que leur force centrale particuliere n'augmente pareillement, & qu'ils n'en aïent par conféquent plus que ceux de la couche inférieure qu'ils touchent.

Doù il fuit que ces petits tourbillons doivent, comme dans la Prop. précéd. tranfmettre l'excès de leur viteffe à tous les petits tourbillons inférieurs jufqu'au centre *O*.

2°. Nous avons vû (Pr. 10) comment la viteffe des petits tourbillons paffoit des uns aux autres, de la fuperficie du grand Tourb.

Tourbillon au centre *O*, & comment elle fe diftribuoit du centre *O*, dans le grand Tourbillon jufqu'à fa fuperficie. Il faut voir maintenant par quel moïen lorfque la viteffe des points des petits tourbillons demeurant la même, la viteffe de leurs centres augmente dans les couches du grand, cet excès de viteffe peut paffer dans les petits.

Pour cet effet il faut remarquer que le petit tourbillon central eft en même tems couche du grand tourbillon ; & qu'en cette qualité il circulera plus vîte qu'il n'auroit fait, fi la viteffe des points du grand tourbillon n'avoit pas augmenté.

Par conféquent les points du petit tourbillon central, aïant acquis en qualité de couche du grand tourbillon plus de viteffe qu'ils n'en avoient, auront plus de force centrale que les points

S

des petits tourbillons de la couche du grand tourbillon , que
ce petit tourbillon central touche ; il s'agrandira donc aux dépens des précédens ; Ceux - ci
étant dépoüillés de leur premiere enveloppe , parviendront à
avoir plus de force centrale que
ceux qui les entourent , ils s'a-
grandiront donc par conséquent
à leurs dépens. Et ainsi de
suite jusqu'â la superficie du
grand tourbillon.

On conçoit donc clairement
que la vitesse des points du
grand Tourbillon autour de son
centre *O* , ne peut augmenter,
que la vitesse des points des petits
tourbill. autour de leurs centres
n'augmente en même tems ; ni
que par conséq. le mouvement
ne passe du grand Tourbill. dans
les petits , comme on a vû
qu'il passoit des petits dans le
grand. Donc, &c. C. Q. F. D.

PROPOSITION XIII.

Dans un Tourbillon Sphérique, compofé de petits tourbillons, les points qui le compofent, étant eux-mémes de petits tourbillons, peuvent promptement fe mettre en équilibre, fans qu'il foit néceffaire que le tourbillon s'agrandiffe.

Nous avons vû (Pr. 8.) comment dans un Tourbillon Sphérique compofé de petits globules durs, fes points ne pouvoient fe mettre en équilibre: ou acquérir des viteffes qui fuffent entr'elles en raifon inverfe des racines des diftances, à moins que le tourbillon ne s'agrandît. Parce qu'on conçoit bien que dans ce tourbillon, le mouvement peut paffer du centre à la fuperficie : mais qu'on ne conçoit pas qu'il puiffe fe tranfmettre de la fuperficie au centre ; Ce qui eft

S ij

néanmoins néceffaire lorfqu'un tourbillon commençant à fe former dans un fluide homogene, dont toutes les parties ont un mouvement égal d'un certain côté, comme dans le courant d'une riviere, les points de ce tourbillon ne peuvent d'abord avoir que des viteffes égales entr'elles ; au lieu qu'afin que les forces centrales de ces points y foient en équilibre il faut (Pr. 11. 2) que leurs viteffes foient entr'elles en raifon inverfe des racines des diftances ; & que par conféquent les points inferieurs aïent plus de viteffe que les fupérieurs.

Mais dans un Tourbillon compofé de petits tourbillons, la viteffe de tous fes points (Pr. 12.) pouvant également fe diftribuer de la fuperficie au centre, comme du centre à la fuperficie ; on conçoit bien clairement que les

forces de ces points pourront fe
mettre en équilibre, fans qu'il
foit néceffaire que le tourbillon
s'agrandiffe. Parce que fi (Pr. 11)
les points qui font à la fuperficie
ont plus de viteffe à l'égard des
inférieurs qu'ils n'en doivent
avoir; l'excès de la viteffe des
fupérieurs fe diftribuera promptement aux inférieurs, jufqu'au
centre du tourbillon. De telle
forte néanmoins que les inférieurs n'en pourront recevoir
plus qu'il ne leur en faut, pour
contrebalancer l'effort des fupérieurs; puifque (Pr. 8. 2) fi les
inferieurs en avoient plus qu'il ne
leur en faut pour cela, ils la com-
muniqueroient aux fupérieurs.
Donc, &c. C. Q. F. D.

PROPOSITION XIV.

Dans un Tourbillon fpherique com-
pofé de petits Tourbillons, les
frotemens ne retarderont pas les

mouvemens circulaires de ſes points au tour de ſon centre. Et le Tourbillon demeurera perpétuellement dans le même état.

Car les petits Tourbillons, dont un grand Tourbillon eſt compoſé, ayant toute la ſoupleſſe que l'on peut deſirer, on voit d'abord que les frotemens qui étoient à craindre dans le Tourbillon ſimple, ou formé de globules durs, n'ont pas tant de lieu dans le Tourbillon compoſé de petits Tourbillons élaſtiques, dont la ſoupleſſe fait qu'ils cedent au moindre effort, & qu'ils prennent à chaque inſtant, ſans ſe détruire, la figure convenable aux divers lieux où ils ſe trouvent.

Mais comme cette ſoupleſſe n'ôte pas entierement toute ſorte de frotemens, il reſte encore à démontrer ici, que nonobſtant ce frottement qui eſt important

& néceffaire à la perfection du
Tourbillon la viteffe d'un de fes
points, ne fera pas moindre à la
fin de fa révolution, qu'elle étoit
au commencement ; Que fa premiere révolution ne fera pas plus
prompte que la feconde, ni la
feconde que la troifiéme, & ainfi
de fuite ; Et que par conféquent
le Tourbillon demeurera perpetuellement dans le même état.

Et en effet lorfque quelqu'un
de ces petits Tourbillons qui circulent au tour du centre du
grand Tourbillon qui les contient, fera obligé de paffer par
un endroit moins large que n'eft
le volume qu'il occupe ordinai-
rement ; Qu'arrivera-t'il ? Le pis
qui puiffe lui arriver, c'eft que
paffant par le détroit dont nous
venons de parler, il diminuë,
il perde quelques-uns de fes
points, il fe dépoüille de quelqu'une de fes couches fphéri-

ques dont ceux qui l'environnent se saisiront à l'instant.

Il est vrai que cela ne peut
arriver, sans que la vitesse de
son centre au tour du centre du
grand Tourbillon, ne diminuë
un peu ; mais aussi cette diminution de volume ne rendra ce
petit tourbillon que plus agile
pour s'échaper du détroit.

Qu'arrivera-t'il ensuite, aussi-
tôt qu'il en sera sorti ? Il arrivera
que ce tourbillon étant devenu
plus petit qu'à l'ordinaire, aura
plus de force centrifuge centrale
que ceux qui l'environneront,
& que se trouvant moins gêné,
il commencera aussi-tôt à s'agrandir. De sorte que s'appuyant du
côté d'où il vient & où il trouve
plus de résistance, il s'élancera en
avant où il en trouve moins.

Or cela ne peut se faire qu'en
même tems son centre ne rega-
gne peu à peu toute la vitesse

qu'il avoit perduë. Le centre de ce petit tourbillon ,   quoiqu'il aille alternativement tantôt plus, tantôt moins vîte , aura donc à la fin de sa révolution la même viteße qu'il avoit en la commençant. Donc , &c. C. Q. F. D.

On voit par la que ce n'eſt pas ſouvent par de grands calculs , mais par des attentions à de certaines circonſtances , que l'on reſout les plus grandes difficultés de la Phiſique.

PROPOSITION XV.

Dans un Tourbillon composé , la force avec laquelle chacun de ſes points tendra à s'éloigner de ſon centre ſera double de celle avec laquelle chacun de ces mémes points tendroit · à s'éloigner du même centre , ſi tout le reſte étant égal , le Tourbillon étoit ſimple.

Car (Pr. 12) dans un Tourbillon compoſé le mouvement

pouvant également paſſer de la ſuperficie *Y* au centre *O*, comme du centre *O* à la ſuperficie *Y*, & du grand Tourbillon dans les petits, comme des petits tourbillons dans le grand; c'eſt une néceſſité que l'effort que les centres des petits tourbillons font pour s'écarter du centre *O*, procedant en partie de l'effort qu'ils font pour s'écarter l'un de l'autre, cet effort ſoit égal, à chaque point du grand Tourbillon, à l'effort que ces mêmes points font pour s'écarter du même centre *O*, à cauſe de leurs circulations autour de ce centre.

Donc la force centrale de chacun des points du tourbillon compoſé, étant égale à la ſomme de ces deux efforts; Et l'effort d'un de ces points, qui procéde de ſa circulation autour du centre *O*, étant égal à l'effort du point correſpondant du tour-

billon simple., dont par la supposition les petits globules circulent avec autant de vitesse autour de son centre , que les petits tourbillons le font autour du
centre du tourbillon composé ; Il
s'ensuit que l'effort que chacun
des points du tourbillon composé
fait pour s'écarter du centre *O* ,
est double de l'effort du point
correspondant du tourbillon
simple.

En un mot tous les points
de chaque couche tendant (Pr.
7. 2) à s'éloigner également de
toute part du centre *O* , avec
une égale force , & la couche
entiere tendant aussi en même
tems à s'épaissir également de
toute part avec une force égale
à la précédente ; Ce double effort procurera évidemment à
chaque point de cette couche ,
une tendance à s'éloigner du
centre *O* double de celle qu'ils

auroient, s'ils ne tendoient qu'à s'en éloigner par leurs mouvemens circulaires autour du même centre : ou s'ils n'étoient pas de petits tourbillons, dont les centres tendissent à s'écarter l'un de l'autre. Donc, &c. C. Q. F. D.

PROPOSITION XV.

Dans un Tourbillon composé, les petits tourbillons, qui sont à une égale distance du centre du grand Tourbillon, sont égaux.

Car (Pr. 9) dans un Tourbillon composé, le mouvement pouvant également passer de la superficie au centre, comme du centre à la superficie, & du grand Tourbillon dans les petits, comme des petits dans le grand ; c'est une nécessité que les forces centrales de tous ces points se mettent en équilibre. Or 1°, une des loix de cet équi-

libre étant (Pr. 8. 2) que les globules *A*, *C*, qui font à une égale
diſtance du centre *O* d'un tourbillon *Y*, aïent une égale viteſſe;
ſi ces globules *A*, *C*, ſont de petits tourbillons , leurs centres
auront donc une égale viteſſe
autour du point *O*.

Or, comme on l'a dit , (Pr. 10)
les points qui compoſent un petit tourbillon devant circuler
d'autant plus vîte , que leurs
centres vont plus vîte dans la
circonférence *MAN*, ou *mcn* du
grand Tourbillon ; Il s'enſuit
que le centre du petit tourbillon *C* aïant (Pr. 8. 2) autant de
viteſſe dans la circonférence *mcn*
de la ſuperficie conique *Omcn*,
dans laquelle il circule, que le
centre du petit tourbillon *A* ,
dans la circonférence de l'Equateur *OMAN* , il s'enſuit , dis-je,
que les points compris dans les
ſuperficies des petits tourbillons

A, C, ou a, c, auront tous une égale viteſſe.

2°. Une autre loi de cet équi-libre étant encore que tous les points qui ſont à une égale diſtance du centre O, aïent une égale force centrale; & que par conſéquent la ſomme des forces centrales par leſquelles tous les points compris dans un raïon quelconque OC, tendent à s'éloigner du point O, ſoit égale à la ſomme des forces centrales de tous les points compris dans un autre raïon quelconque OA; s'il étoit poſſible que le petit tourbillon C fût plus petit, ou plus grand, que le petit tourb. A, le petit tourbillon inférieur p, qui ſuit immédiatement le petit tourb. c ſeroit auſſi par la même raiſon plus petit, ou plus grand, que le petit tourbillon inférieur P, qui ſuit immédiatement le petit tourbillon A, & ainſi de fuite jufqu'au centre O.

Or les petits tourbill. compris dans le raïon OC étant chacun à chacun plus petits, ou plus grands, que les petits tourbill. compris dans le raïon OA, & la viteffe des points de la fuperficie des uns é-tant égale chacune à chacune à la viteffe des points de la fuperficie des autres ; il s'enfuivroit que la force centrale des uns feroit plus grande, ou plus petite, chacune à chacune que la force centrale des autres ; & que par conféquent la fomme des forces centrales des points du raïon OC feroit plus grande, ou plus petite, que la fomme des forces centrales des points du raïon OA, felon que le petit tourbillon C fera fuppo-fé plus petit, ou plus grand, que le petit tourbillon A.

Donc puifque (Pr. 9. 2) dans un tourbillon Y, dont tous les points font équilibre, les forces centrales des points *A* , *C* , ou *a* , *c* , qui font compris dans une même couche fphérique font égales ; les petits tourbillons *A* , *C* , feront égaux. Donc le point *C* aïant été pris à volonté dans la couche *Y* , tous les petits tourbillons compris dans cette couche feront égaux. Il'en fera de même des petits tourbillons compris dans les autres couches , ils feront tous égaux en tr'eux. Donc enfin tous les petits tourbillons, quï font à une égale diftance du centre *O* du grand Tourbillon , font égaux. Donc , &c. C. Q. F. D.

PROPOSITION XVI.

Dans un Tourbillon compofé , plus les petits tourbillons feront éloi-gnés du centre du grand Tour-billon , plus ils feront grands ; & leurs Raions feront entr'eux comme leurs Diftances au centre du grand Tourbillon.

Concevez pour un inftant que le petit tourbillon *O* , (fig. 19) placé au centre du grand Tourbillon *Y*, parvienne juf-qu'au point *A* ou *C* de fa fuper-ficie ; Et fachant (Pr. 9. 2) que dans un tourbillon *Y* la viteffe & la force centrale des points compris dans une couche fupé-rieure, eft moindre que celle des points compris dans une cou-che inferieure ; vous verrez qu'à mefure que le petit tourbillon *O* paffera, d'un milieu où il y a plus de viteffe & de force centrale , dans un autre où il y en a moins; ce petit tourbillon s'agrandira aux dépens de ceux parmi lef-quels il fe rencontrera fucceffi-vement.

Or on doit juger de la gran-deur des petits tourbillons , compris dans chaque couche, par la grandeur que le petit tourbillon O acquiert lorsqu'il est dans cette couche, & qu'il s'y met en équilibre avec les petits tourbillons qu'elle contient. Les petits tourbillons compris dans un grand tourbillon seront donc d'autant plus grands qu'ils seront plus éloignés du centre du grand Tourbillon.

Or dans un Tourbillon composé, les forces centrales de tous ses points devant nécessairement se mettre en équilibre, & une des loix de cet équilibre étant: que les forces centrales de deux points c, p, d'un même raïon qui se touchent, soient entr'elles comme les quarrés de leurs distances au centre du grand Tourbillon; Il est clair que les forces centrales particulieres des petits tourbillons, par lesquelles ils se repoussent mutuellement, & qui

entrent

entrent dans la compofition des
forces par lefquelles ils tendent
à s'éloigner du centre O, foient
auffi entr'elles dans le même rapport; ce qui ne peut être à moins
que leurs Raïons ne foient entr'-
eux dans le même rapport que
leurs Diftances au centre O.

C'eft-à-dire, que nommant
R, r, les raïons de ces petits tourbillons D, d, leurs diftances au
centre O du grand Tourbillon,
F, f, leurs forces centrales à l'é-
gard du centre O; & P, p, leurs
forces centrales à l'égard de
leurs propres centres. On aura
(Pr.10.2) $F.f :: dd. DD$, & $P.p ::$
$rr. RR$. Or à caufe de l'équilibre
$F.f :: P.p$. Donc $dd. DD :: rr. RR$.
Donc $R.r :: D.d$. C.Q.F.D.

REMARQUE.

Il fuit de-là qu'à de grandes
diftances du centre O, les raïons
des petits tourbillons compris

T

dans des intervales confidérables feront fenfiblement égaux ; puifque le raïon du premier Tourbillon *O* fera $\frac{1}{2}$. du 2ᵉ. le 2ᵉ. $\frac{2}{3}$. du 3ᵉ. le 3ᵉ. $\frac{3}{4}$. du 4ᵉ. le 4ᵉ. $\frac{4}{5}$. du 5ᵉ. Et ainfi de fuite ; la différence du raïon inférieur au fupérieur étant toujours de plus en plus moindre.

PROPOSITION XVII.

Dans un Tourbillon Elliptique compofé de petits tourbillons, il y aura un Saffement & un refaffement perpetuel de la matiere de ce Tourbillon, & des petits tourbillons qui le compofent.

ABMD (fig, 25) repréfente l'équateur d'un Tourbillon Elliptique dont *O* eft un des Foïers, duquel tous fes points tendent à s'éloigner en décrivant des Ellipfes *ABMD*, dont *O* eft le foïer commun , *A* le point le

plus voisin du foïer *O* , & *M* le
plus éloigné.

Il est clair que si ce grand
Tourbillon est composé de petits
tourbillons, à mesure que le petit tourbillon *A* se mouvra de *A*
par *B* vers *M*, il s'écartera continuellement du point *O* , &
passera par conséquent d'un milieu ou il trouve beaucoup de résistance , dans un autre ou il
en trouvera moins. Ainsi il s'a-
grandira continuellement aux
dépens des petits tourbillons
qu'il rencontrera , & lorsqu'il
s'en retournera de *M* par *D* en
A , il s'approchera continuellement du centre *O* , & passera
par conséquent d'un milieu où
il trouve peu de résistance dans
un autre où il en trouvera plus ;
Ainsi les petits tourbillons qu'il
rencontrera aïant plus de force
centrale qu'il n'en a , s'agrandiront continuellement à ses dé-
T ij

pens., & il diminuëra de plus en plus jufqu'au point *A*, où il reprendra fa premiere grandeur.

Ceque nous venons de dire du petit tourbillon *A*, peut aifément s'étendre à tous les tourbillons qui circulent en même tems dans la circonférence elliptique *ABMC*, dont l'un *A*, en paffant de *A* en *b* s'agrandira aux dépens du tourbillon *b*, & deviendra égal à *b*; tandis que *b*, en paffant de *b* en *c*, s'agrandira aux dépens du tourbillon *c*, & deviendra égal à *c*; & ainfi de fuite jufqu'au point *M*, où le tourbillon *M* en paffant de *M* en *n*, diminuëra, le tourbillon *n* s'agrandiffant à fes dépens, & *M* deviendra égal à *n*; tandis que *n* en paffant de *n* en *o*, diminuera à fon tour; le tourbillon *o* s'agrandiffant à fes dépens, & *n* deviendra égal à *o*; & ainfi de fuite jufqu'au point *A*. Et il

en fera de même dans toutes les
circonférences elliptiques femblables, qui auront pour foïer
le point *O*, dans lesquelles tout
le plan de l'ellipse *ABCDO*
peut être diftribué. Et dans
toutes les couches elliptiques du
tourbillon.

D'où il fuit que tous les centres des petits tourbillons compris dans l'efpace *OM* pourront
bien paffer en même tems par
l'efpace *OA*, ce qui fuffit pour
dire qu'ils circulent tous autour
du centre *O*; parce qu'à mefure
qu'ils pafferont de l'efpace *OA*
par *OB* en *OM*, ils s'agrandiront
& fe chargeront peu à peu d'une
quantité de matiere, dont ils fe
déchargeront enfuite peu à peu,
à mefure qu'ils s'en retourne-
ront de l'efpace *OM* par *OD* à
l'efpace *OA*, où ils n'auront plus
que la même quantité de matiere qu'ils avoient lorfqu'ils en

étoient partis ; fans qu'il foit néceffaire que toute la matiere, contenuë dans l'efpace OM, paffe par l'efpace OA ; ce qui peut aider à répondre à une objection que M. Newton fait (pag. 527.) contre le fiftême des Tourbillons, dont nous parlerons dans la fuite.

Or les petits tourbillons dont un grand Tourbillon ovale eft formé, étant contraints à tout moment de fe charger & décharger d'une partie de la matiere dont ils font formés ; Il eft clair que dans toute l'étenduë du grand Tourbillon il y aura un nombre innombrable de petits points de matiere, qui pafferont & repafferont fans ceffe & très-promptement d'un petit tourbillon dans l'autre, par un mouvement rebrouffé. Donc, &c. C.Q.

Fin de la troifiéme Leçon.

LEÇON IV.

DU

MOUVEMENT

TANT ACCELERE'

QUE RETARDE',

Et du Phénomene de la Pesanteur.

PROPOSITION I.

*Si un Mobile commence à se mou-
voir par un mouvement uniformément acceleré, l'espace qu'il
parcourra durant un certain
tems, ne sera que la moitié de
l'espace qu'il auroit parcouru durant le même tems, si, dès l'instant qu'il a commencé à se mou-*

voir, il s'étoit mû uniformément
avec toute la vitesse qu'il a ac-
quise à la fin de ce même tems.

ON dit qu'un corps se meut
d'un mouvement *acceleré,*
lorsqu'il acquiert à chaque inftant une vitesse infiniment petite, qu'on nomme *Vitesse acce-*
leratrice ; & qu'il se meut d'un
mouvement *uniformément acce-*
leré lorsque cette vitesse infiniment petite est toujours égale.

Supposons d'abord que tandis
que le Mobile N (fig. 26.) se meut
uniformément dans la ligne
droite NX avec une certaine vitesse *u*, durant un certain tems *t* ;
de telle sorte qu'aïant distribué
la vitesse *u* en un nombre quelconque de parties égales, comme
en 7 degrés, & tant l'espace
NX, que le tems *t*, en un pareil
nombre 7 de parties égales ; Et
qu'au moment que le Mobile N

est

eſt au commencement *n* de la premiere partie de l'eſpace *nx*, le mobile *M* reçoive un des 7 degrés de viteſſe dans leſquels la viteſſe *u* a été diſtribuée ; Qu'au moment que le mobile *N* eſt arrivé au commencement *O* de la ſeconde partie de l'eſpace *nx*, le mobile *M* reçoive un autre de ces 7 deg. de viteſſe : Et ainſi de ſuite, juſqu'à ce que le mobile *N* étant arrivé au commencement de la derniere partie *t x* de l'eſpace *nx*, le mobile *M* reçoive le dernier de ces 7 deg. de viteſſe, & continuë à ſe mouvoir juſqu'à ce que le mobile *N* ſoit arrivé en *x*, cela poſé.

Je dis que durant le tems que le mobile *N* aura parcouru uniformément tout l'eſpace *nx*, le mobile *M* n'aura parcouru que la moitié de cer eſpace, plus la moitié d'une de ſes parties, *no*.

Pour le démontrer, ſubdiviſez

V.

chacune des parties *no*, *op*, *pq*,
&c. de l'espace *nx*, en autant de
petites parties égales *nz* qu'il y
a de parties égales *no*, dans *nx*,
& vous verrez clairement,

1°. Qu'au moment que le mobile *N* est arrivé en *n*, le mobile
M en repos en *M*, n'aïant reçu
qu'un des 7 degrés de vitesse
du mobile *N*, ne parcourra que
la 7e. partie $MO = nz$ de l'espace
no, durant le tems que le mobile *N* parcourra *no*, qui n'est
que la 7e. partie de l'espace *nx*.

2°. Que lorsque le mobile *N*
arrivera en *o*, le mobile *M* de son
côté parvenu en *O*, & y recevant un second degré de vitesse
égal au précédent, continuëra à
se mouvoir uniformément avec
deux degrés de vitesse, & parcourra par conséquent durant
un tems pareil au premier, ou
durant le tems que le mobile *N*
s'est mû de *o* en *p*, un espace

$OP = 2nz$ double de l'espace $MO = nz$.

3°. Que lorsque le mobile N arrivera en p, le mobile M étant arrivé en P, & y aïant reçu un 3e. degré de vitesse égal au premier ; continuëra à se mouvoir uniformément avec ces trois degrés de vitesse, & parcourra durant un tems pareil au premier, ou durant le tems que le mobile N s'est mû de p en q, un espace $PQ = 3nz$, triple de l'espace $MO = nz$.

Et ainsi de suite, jusqu'à ce que le mobile N étant arrivé en t, qui est le commencement de la derniere partie de l'espace nx, le mobile M aïant reçu en T tous les 7 degrés de vitesse, ou toute la vitesse u du mobile N, parcourra avec la même vitesse que N le dernier espace TX égal à l'espace tx, que le mobile N parcourra durant ce dernier tems ;

V ij

De sorte que les mobiles M, N arriveront tous deux en même tems aux points X, x & qu'ils auront parcouru les espaces MX, nx chacun dans le même tems t.

On voit donc que durant tout le tems que le mobile N aura parcouru l'espace $nx = 7 \times 7\, nz$, ou $(7 + 7 + 7 + 7 + 7 + 7 + 7)\, nz$, le mobile M n'aura parcouru que l'espace $(1 + 2 + 3 + 4 + 5 + 6 + 7)\, nz$.

Or si de $(7 + 7 + 7 + 7 + 7 + 7 + 7)\, nz$, égal à nx, vous ôtez $(1 + 2 + 3 + 4 + 5 + 6 + 7)\, nz$, égal à MX; vous aurez pour reste $(6 + 5 + 4 + 3 + 2 + 1 + 0)\, nz$,

Et vous verrez que cet espace restant ne differera du précédent MX que du dernier terme $7\, nz$, ou d'une des parties tx, ou no, de l'espace nx.

Or les deux derniers espaces pris ensemble étant égaux au

premier, si on ôte de l'un, la moitié du dernier terme $\frac{1}{2}nz$, qui est la différence des deux derniers espaces, & qu'on l'ajoûte à l'autre; chacun de ces deux espaces sera précisément égal à la moitié du premier.

On voit donc clairement que l'espace MX, que le mobile M a parcouru d'un mouvement inégal durant le tems que le mobile N a parcouru uniformément l'espace nx, & à la fin duquel le mobile M a acquis toute la vitesse u du mobile N, en ne recevant cette vitesse que par degrés égaux en tems égaux, & avec laquelle par conséquent le mobile M se mouvant uniformément parcourroit un espace égal à l'espace nx durant le tems qu'il a emploïé à parcourir MX; On voit, dis-je, que l'espace MX que le mobile M aura parcouru, sera égal à la moitié de l'efpace *nx* qu'il auroit parcouru uniformément avec la viteffe *u* plus à la moitié d'une des parties *no* de *nx*.

Or fi au lieu de divifer la viteffe *u* l'efpace *nx*, & le tems *t* chacun en 7 parties égales : on les avoient divifés chacun en un plus grand nombre de parties égales ; chacune des parties *no* de l'efpace *nx* auroit été plus petite par rapport à l'efpace *nx*.

D'où il fuit que l'efpace *MX*, qui n'excedera jamais la moitié de l'efpace *nx* que de la moitié d'une de fes parties *no*, excédera d'autant moins la moitié de l'efpace *nx* (que le mobile *M* auroit parcouru tout entier en fe mouvant uniformément avec la viteffe *u* acquife au point *X*) que le nombre des parties tant de la viteffe *u* que de l'efpace *nx*, & du tems *t*, fera plus grand, ou que ces parties feront plus petites.

Donc dans le cas où les parties, tant de la vitesse u que de l'espace nx & du tems t, seront prises infiniment petites, auquel cas le mobile M se mouvra par un mouvement uniformément acceleré, le mobile M ne parcourra que la moitié de l'espace qu'il auroit parcouru durant le même tems, en se mouvant uniformément avec la vitesse acquise à la fin de cet espace ou au point X. Donc, &c. C. Q. F. D.

REMARQUE.

Si le mobile M étant arrivé au point X, & y aïant acquis la vitesse u, recevoit en X dans la direction XM opposée à la précédente, la même vitesse u en sens contraire, & qu'il perdît en s'en retournant vers M, les mêmes degrés de vitesse qu'il a acquises en se mouvant de M en

X à la fin des mêmes tems ; il eſt viſible que le mobile M parcourroit durant le même tems par un mouvement uniformément retardé, le même eſpace XM qu'il auroit décrit par un mouvement uniformément acceleré en venant de M vers X.

C'eſt-à-dire qu'aïant diviſé la viteſſe u, l'eſpace nx, & le tems t en ſept parties égales, & le reſte comme ci-deſſus, le mobile M arriveroit au point T, à la fin de la premiere partie du tems t : au point S à la fin de la ſeconde : au point R à la fin de la troiſiéme : au point Q à la fin de la quatriéme : au point P à la fin de la cinquiéme : au point O à la fin de la ſixiéme : & au point M à la fin de la ſeptiéme & derniere partie du tems t, où il n'auroit plus de viteſſe. Et qu'il en ſeroit de même, quelque grand que fût le nombre des

parties de la vitesse *u* de l'efpace *nx* qu'il auroit parcouru
uniformément, & du tems *t* qu'il
auroit emploïé à le parcourir
avec la vitesse *u*.

PROPOSITION II.

Les espaces que parcourt en tems
égaux un Mobile qui partant
de son point de repos se meut
d'un mouvement uniformément
acceleré, sont entr'eux comme
les nombres impairs.

Soit *MO* (fig. 27.) l'espace
que le mobile *M* partant de son
point de repos *M* aura parcouru
d'un mouvement uniformément
acceleré durant un tems quelconque *t*.

1°. Il est clair (Pr. 1) que durant un pareil tems *t* le mobile
se mouvant uniformément avec
la vitesse *u*, qu'il a acquise au
point *O*, parcourroit un espace

double de l'espace *MO* & qu'é-
tant supposé en repos au point
O, & se mouvant vers *S* du
même mouvement acceleré, par
lequel il s'est mû de *M* en *O*, il
parcourroit durant le même
tems *t* un espace égal à *MO*,

Or (Pr. 5. 1) deux forces agissant conjointement sur un mobile, doivent y produire le même effet qu'elles y auroient produit agissant séparément.

Donc le mobile *M* arrivé au
point *O*, tendant à se mouvoir
uniformément avec la vitesse *u*,
& outre cela recevant à chaque
instant le même nombre de petits degrés de vitesse qu'il a reçu
durant un tems égal à celui qu'il
a emploïé à venir de *M* en *O*,
parcourra durant le second tems
t un espace *O P*, triple de *MO*.

2°. Que le mobile *M*, étant
parvenu au point *P*, parcourroit uniformément durant le

tems $2t$, qu'il a emploïé à y
parvenir, un efpace $8MO$,
double de l'efpace $MP = 4MO$,
qu'il a parcouru d'un mouvement acceleré durant le même
tems $2t$; & que par conféquent
il ne parcourroit durant le tems
t, que l'efpace $4MO$, & que le
mobile durant le tems t aiant
continué à fe mouvoir d'un
mouvement acceleré, doit encore avoir parcouru un efpace
égal à l'efpace MO. Le mobile
aura donc parcouru durant le
troifiéme tems t l'efpace $PQ =$
$5MO$.

3°. On démontrera de même
que le mobile étant parvenu au
point Q, parcourroit uniformément, durant le tems $3t$ qu'il
a emploïé à y parvenir, un efpace $18MO$ double de l'efpace
$MQ = 9MO$ qu'il a parcouru
d'un mouvement acceleré durant le même tems $3t$; & qu'il

parcourroit durant le tems *t* l'espace 6 *MO* : Que le mobile durant ce même tems *t* continuant à se mouvoir d'un mouvement acceleré, doit encore avoir parcouru un espace égal à l'espace *MO*. Et que le mobile aura donc parcouru durant le troisiéme tems *t* l'espace $QR = 7 MO$.

Et ainsi de suite. Donc &c. C. Q. F. D.

REMARQUE.

On sçait par expérience que les corps qu'on nomme *Graves* ou Pesans, étant posés en repos au milieu de l'air, n'y demeurent pas : mais qu'ils commencent aussi-tôt à se mouvoir de haut en bas, ou dans des lignes perpendiculaires à la surface de la terre ; Et qu'ils accelerent leurs mouvemens dans la même progression des nombres impairs 1. 3. 5. 7. 9. 11. &c. De telle sorte qu'aïant d'abord parcouru *une* toise, par exemple, en un certain tems, ils en parcourent ensuite *trois* durant un tems pareil, puis *cinq*, puis *sept*, &c.

Par où l'on voit que le Phénomene de la Pesanteur peut se réduire à dire : Que le mobile acquiert en tems égaux infiniment petits, des degrés égaux infiniment petits de vitesse. Et que par conséquent la pesanteur n'est autre chose qu'un très-petit degré de vitesse produit à chaque instant dans le mobile selon des directions perpendiculaires à la surface de la Terre, lequel étant réiteré une infinité de fois durant un tems fini, procure au mobile l'acceleration de son mouvement, lorsqu'il s'approche du centre de la Terre, & la diminution de son mouvem. lorsqu'il s'en éloigne, telles que nous venons de les décrire.

Or ce qui arrête les Philoſophes ſur ce point eſt de déterminer la cauſe qui peut produire à chaque inſtant dans les corps graves, cette force acceleratrice, ou ce petit degré de viteſſe. Mais puiſque l'expérience nous aſſure de l'exiſtence de cet effet, nous pouvons bien d'abord, avant que d'en rechercher la cauſe, le ſuppoſer comme un principe, & en déduire les conſéquences ; en attendant que nous ſoïons en état de le ramener aux loix des Mécaniques.

PROPOSITION III.

Les eſpaces qu'un mobile qui ſe meut d'un mouvement uniformément acceleré parcourt, à compter du point d'où il commence à tomber, ſont entr'eux comme les quarrés des tems E. e :: TT. tt.

Car l'addition ſucceſſive des

nombres impairs 1. 3. 5. 7. 9. 11. &c. produifant les nombres quarrés 1. 4. 9. 16. 25. 36. &c. il eft clair que l'efpace *MO* que le mobile aura parcouru durant un certain tems *t*, fera à l'efpace *MP*, qu'il aura parcouru durant le tems 2*t*, comme 1 eft à 1 + 3 ou 4 : A l'efpace *MQ*, qu'il aura parcouru durant le tems 3 *t*, comme 1 eft 4 + 5 ou 9 : à A l'ef-pace *MR*, qu'il aura parcouru durant le tems 4 *t*, comme 1 eft à 9 + 7, ou 16 : A l'efpace *MR*, qu'il aura parcouru durant le tems 5*t*, comme 1 eft à 16 + 9 ou 25. Et ainfi de fuite à l'infini les efpaces *MO*, *MP*, *MQ*, *MR*, *MS*, &c. croiffant dans la progreffion des nombres quar-rés 1. 4. 9. 16. 25 &c. tandis que les tems croiffent dans la progreffion des nombres 1. 2 3. 4. 5. &c. racines de ces quarrés.

D'où il fuit que l'efpace *MQ*, par exemple, que le mobile aura parcouru durant le tems 3 *t*, fera à l'efpace *MS*, qu'il aura parcouru durant le tems 5 *t*, comme 3 × 3 ou 9 eft à 5 × 5 ou 25. Et en général que l'efpace *E* qu'il aura parcouru durant un certain tems *T*, fera à l'efpace *e* qu'il aura parcouru durant un autre tems *t*, comme *TT* eft à *tt*. Ainfi *E*. *e* :: *TT*. *tt*. Donc, &c. C. Q. F. D.

PROPOSITION IV.

Dans le mouvement uniformément acceleré, les viteffes font comme les tems. Ainfi V. u :: T. t.

Car 1°. nommant *u* la viteffe du mobile *M*, acquife au point *O* (fig. 27) durant un certain tems *t*, avec laquelle fe mouvant uniformément, il parcourroit l'efpace 2 *MO* double de
l'efpace

l'efpace *MO* , durant le même
tems ; Il eft clair que durant le
fecond tems *t* le mobile aïant
parcouru l'efpace *OP* , aura à
la fin de ce tems acquis au point
P une viteffe capable de lui faire
parcourir uniformément , du‑
rant un pareil tems *t*, un efpace
4 *MO* , double de l'efpace 2 *MO*,
que la viteffe *u* a été capable de
lui faire parcourir durant le
même tems. Donc la viteffe du
mobile acquife à la fin du tems
2 *t* au point *P* eft 2 *u* , ou dou‑
ble de fa viteffe *u* , acquife à la
fin du tems *t* au point *O*.

On démontrera de même ,
que durant le troifiéme tems *t*
le mobile aïant parcouru l'ef‑
pace *PQ* , aura acquis au point
Q à la fin de ce 3e. tems une
viteffe capable de lui faire par‑
courir uniformément durant le
même tems *t*, un efpace 6 *MO*,
triple de l'efpace 2 *MO*, que la

X

viteſſe *u* a été capable de lui faire parcourir durant le même tems ; Et que par conſéquent la viteſſe du mobile acquiſe à la fin du tems $3t$ au point Q, eſt $3u$ ou triple de ſa viteſſe *u*, acquiſe à la fin du tems *t* au point O. Et ainſi de ſuite à l'infini.

D'où il ſuit que la viteſſe V du mobile acquiſe à la fin du tems $3t$, par exemple au point Q, eſt à ſa viteſſe *u*, acquiſe à la fin du tems $5t$ au point S ; comme $3t$ eſt à $5t$. Qu'ainſi dans ce cas $V. u :: 3t. 5t$.

Et generalement que la viteſſe V du mobile acquiſe à la fin d'un tems quelconque T, eſt à ſa viteſſe *u* acquiſe à la fin d'un autre tems auſſi quelconque *t* comme le tems T eſt au tems *t* ; & qu'ainſi $V. u :: T. t$.

REMARQUE.

De ce que dans le mouvement

uniformément acceleré, les viteſſes ſont entr'elles comme les
tems: ou que $V. u :: T. t.$ & que
(Pr. 3. 1) les viteſſes ſont entre
elles comme les eſpaces diviſés
par les tems, ou que $V. u ::$
$\frac{E}{T}. \frac{e}{t}.$ il s'enſuit que $\frac{E}{T}. \frac{e}{t} :: T. t.$
que $\frac{Et}{T} = \frac{eT}{t}.$ que $Ett = eTT.$ &
qu'enfin $E. e :: TT. tt.$ ou que,
dans le mouvement uniformément acceleré, les eſpaces par-
courus ſont entr'eux comme les
quarrés des tems emploïés à les
parcourir, ainſi qu'on l'a démontré (Pr. 3). Ce qui montre
qu'il y a un entier accord entre
toutes ces loix ; Et que celles
du mouvement acceleré, que
nous venons d'établir, ſont
des conſéquences néceſſaires des
autres.

PROPOSITION V.

*Dans le mouvement uniformément
acceleré, les viteſſes & les tems*

sont comme les racines quarrées des espaces $V . u :: \sqrt[2]{.}E. \sqrt[2]{}e.$ *& $T . t :: \sqrt[2]{}E. \sqrt[2]{}e.$*

Car de ce que (Pr. 4) $V . u ::$ $T . t.$ on aura $VV . uu :: TT . tt.$ Or (Pr. 3.) on a $VV . uu :: E. e.$ Donc $V . u :: \sqrt[2]{}E. \sqrt[2]{}e.$ Donc $T . t.$ $:: \sqrt[2]{}E. \sqrt[2]{}e.$ Donc, &c. C. Q. F. D.

REMARQUE.

Si le mobile allant de S vers M avec toute la vitesse qu'il a acquise au point S , perd à chaque instant les mêmes petits degrés de vitesse qu'il a reçus en venant de M en S. Il est clair que dans un tems pareil à celui qu'il a emploïé à venir de M en S , il ira de S en M , & aura perdu au point M , & à la fin de ce même tems toute sa vitesse.

De telle sorte que si le mobile venant de M en S , a par-

couru l'espace *MO* durant un
certain tems *t* & a acquis en *O* un
certain degré de vitesse *u* ; L'espace *OP* durant un 2ᵉ. tems *t*,
pareil au premier, & a acquis
en *P* la vitesse 2*u* ; L'espace
PQ durant un 3ᵉ. tems *t* pareil
au premier, & a acquis en *Q* la
vitesse 3*u* ; L'espace *QR* durant
un 4ᵉ. tems *t*, & a acquis en *R*
la vitesse 4*u* ; L'espace *RS* durant un 5ᵉ. tems *t* ; toujours pareil au premier, & a acquis en
S la vitesse 5*u* ; & ainsi de suite.
Le mobile retournant de *S* en
M avec toute la vitesse 5*u* qu'il
a acquise au point *S*, parvien-
dra au point *R* à la fin du premier tems *t*, n'aïant plus que la
vitesse 4*u* ; Au point *Q* à la fin
du second tems *t*, n'aïant plus
que la vitesse 3*u* ; Au point *P* à
la fin du 3ᵉ. tems *t*, n'aïant plus
que la vitesse 2*u* ; Au point *O* à
la fin du 4ᵉ. tems *t*, n'aïant plus

que la vitesse u ; Au point M, à
la fin du 5e. & dernier tems t,
n'aïant plus de vitesse.

PROPOSITION VI.

*Les vitesses acceleratrices R, r, de
deux mobiles qui se meuvent par
des mouvemens uniformément
accelerés, sont entr'elles en raison
inverse des quarrés des tems T, t
qu'ils emploient à parcourir un
même espace.*

Ainsi R. r :: tt. TT.

Dans le mouvement acceleré
d'un mobile il y a, comme nous
l'avons déja dit, deux differentes vitesses à considerer ; 1°. La
vitesse *acceleratrice* que le mobile
reçoit à chaque instant, & qui
dans le mouvement uniformément acceleré, est par tout égale
à sa premiere vitesse. 2°. La vitesse *accelerée* qui, dans le même
mouvement du mobile, aug-

mente continuellement comme les tems, à compter du commencement de fa chûte.

Si l'on fuppofe donc d'abord que le mobile M (fig. 28) parcoure l'efpace MS en un tems t, & que le mobile A parcoure l'efpace $AF = MS$ en un tems $2t$, double du tems t, je dis que la vitefle *acceleratrice* du mobile A ne fera que $\frac{1}{4}$. de celle de M.

Et en effet, il eft clair que durant le tems t, le mob. A, qui emploïe le tems $2t$ à parcourir $AF = MS$, n'aura parcouru que $\frac{1}{4}$ (AB) de AF ou de MS : puifque durant l'autre tems t qui refte, il doit (Pr. 2) parcourir trois fois autant d'efpace qu'il en a parcouru durant le premier tems t; favoir l'efpace BF. Que durant la moitié du tems t, le corps M n'aura parcouru que $\frac{1}{4}$ (MR) de MS, & le corps A, que $\frac{1}{4}$ (AC) de AB, ou de

MR, par la même raison qu'auparavant. Et ainsi de suite à l'infini, en prenant succeſſivement la moitié du tems précédent.

Donc dans ce premier cas, le corps *A* n'aura jamais pû parcourir dans un tems ſi petit que ce ſoit que $\frac{1}{4}$. de l'eſpace que le corps *M* aura parcouru durant le même tems. Donc la premiere viteſſe , la viteſſe acceleratrice du corps *A*, ne peut être dans ce premier cas que $\frac{1}{4}$ de celle de *M.*

On démontrera de même que ſi le mobile *A* emploit $3t$ à parcourir *AF*, ſa viteſſe acceleratrice ne ſera que $\frac{1}{9}$. de celle du corps *M*, qui emploit $1t$ à parcourir $MS = AF$.

Car durant le tems t que le mobile *M* emploira à parcourir *MS* le mobile *A* qui emploit $3t$ à parcourir *AF*, ne parcourra durant le tems t que $\frac{1}{9}$ (*AD*) de $AF =$

$AF = MS$; puisque durant le second tems t il doit parcourir l'espace DE, triple de AD, & durant le troisiéme tems t qui lui reste encore, il doit parcourir l'espace EF quintuple de AD, ce qui fait $1 + 3 + 5 = 9\,AD = AF$.

Que durant le tiers du tems t ou $\frac{1}{3}t$, le corps M n'aura parcouru que $\frac{1}{9}MP$ de MF, & le corps A que $\frac{1}{9}AG$ de AD, par la même raison qu'auparavant. Et ainsi de suite à l'infini en prenant successivement le tiers du tems précédent.

D'où il suit que dans ce second cas le corps A n'aura jamais pû parcourir, en un tems si petit que ce soit, que $\frac{1}{9}$ de l'espace que le corps M a parcouru durant le même tems; Et que par conséquent la premiere vitesse, la vitesse acceleratrice du corps A ne peut être que $\frac{1}{9}$ de celle de *M*.

On démontrera de même que si le corps *A* est $4t$ à parcourir *AF*, tandis que le corps *M* n'est que $1t$ à parcourir $MS = AF$, la vitesse acceleratrice de *A* ne sera que $\frac{1}{16}$. de celle de *M*, & ainsi de suite à l'infini.

D'où il suit enfin généralement que si tandis que le corps *M* est un certain tems à parcourir *MS*, le corps *A* est un nombre quelconque *T* de tems pareils à parcourir $AF = MS$ la vitesse acceleratrice *R* de *A* ne sera que $\frac{1}{TT}$. de la vitesse acceleratrice de *M*. Et que si un autre mobile *B* est un autre nombre quelconque *t* de tems pareils à parcourir $BF = MS$, la vitesse acceleratrice *r* de *B* ne sera que $\frac{1}{tt}$. de celle de *M*.

D'où il suit enfin que la vitesse acceleratrice *R* de *A* sera à la vitesse acceleratrice *r* de *B*,

comme $\frac{1}{TT}$ à $\frac{1}{tt}$. Qu'ainsi $R.\ r ::$
$\frac{1}{TT}.\ \frac{1}{tt}.$ ou que $R.\ r :: tt.\ TT.$
Donc, &c. C. Q. F. D.

REMARQUE.

Des experiences faites par M.
Newton avec un très-grand
soin, nous portent à juger que
generalement tous les corps sensibles pris à une égale distance
du centre de la Terre, ont une
égale force acceleratrice : c'est-
à-dire, qu'ils parcourent tous,
en tombant de leur point de
repos, un même espace durant
un même tems ; savoir, 15
pieds en une seconde de tems.
Qu'un globe de liége, ou même
le moindre brin de duvet, se
précipite de haut en bas d'un
long récipient, dont on a pompé l'air grossier, avec autant de
vitesse qu'un globe de plomb.

Mais qu'à des distances differentes du centre de la Terre,

le même mobile n'auroit pas le
même degré de viteſſe acceleratrice.

Qu'à la diſtance d'un diamétre de la Terre (qui contient
3269227 toiſes ou 1432 lieuës
& demi de 25 au degré, lon-
gues chacune de 2282 toiſes,
un globe de plomb parcourant
15 pieds en une ſeconde de
tems, ne parcourroit ces mêmes
15 pieds qu'en deux ſecondes,
s'il étoit porté du centre à la
diſtance de deux diametres ; Et
que par conſéquent ſa viteſſe
acceleratrice ne ſeroit que $\frac{1}{4}$. de
ce qu'elle eſt ici.

Qu'il ne parcourroit ces mêmes 15 pieds qu'en 3 ſecondes,
s'il étoit porté à la diſtance de 3
diamétres, & que par conſéquent ſa viteſſe acceleratrice, ou
ſa peſanteur, ne ſeroit que $\frac{1}{9}$. de
ce qu'elle eſt ici. Et ainſi de ſuite.

Par où il paroît que la viteſſe

acceleratrice d'un mobile, fans
que fa maffe changeât, diminuëroit en raifon inverfe des quarrés des diftances. Ce qui n'empêche pas que lorfque la difference des diftances au centre
de la Terre eft peu confidera-
ble, comme de 5 ou 6 cens toi-
fes, le mobile en tombant ne
puiffe paroître aller d'un mouvement uniformément acceleré.
& la pefanteur, être confiderée
comme égale par toute l'étenduë de cet efpace.

PROPOSITION VIII.

La pefanteur P *d'un mobile* A
eft égale au produit de fa maffe
M *par fa viteffe acceleratrice* R,
Ainfi P$=$MR.

Car la force d'un corps eft
(Pr. 3. 1) le produit de fa maffe
par fa viteffe; Et fa pefanteur,
ou la force par laquelle il tend

à se mouvoir vers un certain point, est évidemment égale à la force qu'il faut emploïer, pour empêcher qu'il ne se meuve vers ce point.

Or il est clair que la vitesse avec laquelle un mobile pesant tend à se mouvoir vers un certain point, ne peut être que la premiere vitesse avec laquelle il commenceroit à parcourir l'espace qu'il parcourroit par sa pesanteur; sans avoir aucun égard à la vitesse accelerée qu'il acquerroit, s'il parcouroit cet espace durant un certain tems fini; puisque cette vitesse accelerée n'existe pas encore dans le mobile, il est donc clair que la pesanteur P du mobile A ne peut être que le produit de sa masse M par sa premiere vitesse ou par sa vitesse acceleratrice R. Donc $P = MR$. Donc, &c. C. Q. F. D.

PROPOSITION IX.

Aux Corps pesans 1°. *les Pesanteurs* P. p. *sont entr'elles comme les Produits de leurs masses* M. m. *par leurs vitesses acceleratrices* R. r. *Ainsi* P. p :: MR. mr. 2°. *Si les vitesses acceleratrices sont égales, les Pesanteurs dans ce cas seront comme les masses. Ainsi* P. p :: M. m. 3°. *Si les masses sont égales, les Pesanteurs seront comme les vitesses acceleratrices* P. p :: R. r.

Soient *A. B.* deux mobiles, dont les masses soient *M. m.* & les vitesses acceleratrices *R. r.*

Par la Prop. précéd. on aura $P = MR$. $p = mr$. Donc *P. p* :: $MR = mr$. C. Q. F. 1°. D.

2°. Si $R = r$ on aura MR. *mr* :: *M. m.* Donc *P. p* :: *M. m.* C. Q. F. 2°. D.

3°. Si $M = m$ on aura *MR.*

Y iiij

$mr :: R. r.$ C. Q. F. 3°. D.

REMARQUE.

On voit par là qu'à des distances égales du centre de la Terre, les vitesses acceleratrices des corps pesans étant égales, les pesanteurs de ces corps seront entr'elles comme leurs masses, ou comme la quantité de matiere pesante qu'ils contiennent dans leurs volumes ; & que dans ce cas leur pesanteur ne pourra augmenter ou diminuer d'aucune autre façon que par l'augmentation ou la diminution de la quantité de matiere propre à ces mobiles, ou que $V = M$, comme M. Newton l'a établi.

Mais si un boulet de canon, par exemple, étoit transporté à de grandes distances du centre de la Terre ; alors sa vitesse acceleratrice diminuant en raison inverse des quarrés des distances, sa masse ne diminueroit pas pour cela ; mais sa pesanteur étant alors égale à sa force accelera- trice, $P = R$ on voit que sa pesan- teur diminuëroit dans le même rapport, sans qu'il fût nécessaire que la masse, ou que la quanti- té de matiere pesante qu'il con- tient, diminuât en aucune sorte. Ce que M. Newton établit en- core.

Ainsi quand M. Newton dit que la Pesanteur dans les corps est une de leurs qualités cons- tantes, comme l'impénétrabili- té, par exemple ; il ne faut pas croire qu'il ait voulu faire en- tendre par là qu'il pensoit que la pesanteur ne pouvoit ni aug- menter ni diminuer dans le mê- me corps, lorsque ce corps s'ap- prochoit ou s'éloignoit du centre où il tend, comme en effet ni sa masse, ni son impénétrabilité n'augmentent ni ne diminuent dans ce cas. Au contraire tout le siftême de M. Newton eft fondé fur ce principe : que la Pefanteur d'un même corps augmente ou diminuë en raifon inverfe des quarrés des diftances.

Mais il a feulement voulu nous faire entendre qu'à cette augmentation ou diminution près, à laquelle la pefanteur eft fujette, la pefanteur demeure conftante, ou fuit la même loi, ici comme à la Lune, & dans tout le refte de l'Univers ; c'eft-à-dire, qu'elle n'augmente ou ne diminuë jamais dans un autre rapport, comme feroit par exemple celui des cubes des diftances réciproques ou de leurs quarré-quarrés, &c.

Ainfi M. Newton n'a jamais nié ; au contraire, il a fortement établi, comme le fondement de fon fiftême, que la Pefanteur d'un même corps augmentoit ou diminuoit en raison inverse des quarrés des distances au centre où il tendoit, sans que sa masse ou la quantité de matiere qu'il contient, augmentât ou diminuât en aucune sorte; Et qu'elle étoit toûjours égale à la vitesse acceleratrice du mobile en quelque lieu qu'il se trouvât, lorsque sa masse demeuroit la même. Ce qu'il faut bien remarquer.

Car il suit clairement de-là, que la Pesanteur d'un corps peut augmenter ou diminuer de trois façons : ou par l'augmentation ou la diminution de sa masse, sa vitesse acceleratrice demeurant la même : ou par l'augmentation ou la diminution de sa vitesse acceleratrice, sa masse demeurant la même : ou enfin par l'augmentation ou la diminution de sa masse & de sa vitesse acceleratrice tout ensemble; ce qui n'eſt point contraire à ce que M. Newton établit ſur ce point.

PROPOSITION X.

Un fluide, dans lequel ſe meut un mobile qui péſe autant qu'un pareil volume du fluide, réſiſte au mouvement du fluide.

Car quoiqu'il ſoit vrai (Pr. 2. 1) qu'un corps en repos n'ait jamais aucune force capable de réſiſter au mouvement ; ce n'eſt pas à dire pour cela que lorſqu'un corps *A* en rencontre un autre *B* en repos, le corps *A* (Pr. 13. 1) ne doive perdre de ſon mouvement, & qu'on ne puiſſe dire en un ſens que le corps *B*, recevant le mouvement que le corps *A* lui communique, *réſiſte* au mouvement du corps *A* : non pas en refuſant de le recevoir, comme Deſcartes l'avoit penſé ; mais en lui raviſſant une partie de ſa force & de ſa viteſſe.

Ainsi comme l'on conçoit que lorsqu'un globe qui péfe autant qu'un pareil volume d'eau ne peut fe mouvoir dans l'eau, qu'il ne rencontre les parties d'eau qui l'environnent , & dont il tend à occuper la place : & que par conféquent il ne leur communique de fon mouvement ; on conçoit auffi que ce même globe ne peut fe mouvoir dans l'eau , que fa viteffe ne diminuë fans ceffe ; & qu'on ne puiffe dire en un fens que l'eau lui réfifte. Donc , &c. C. Q. F. D.

REMARQUE.

M. Newton appelle *Force d'inertie* cette réfiftance , qui n'eft qu'une conféquence de la loi du choc , qui veut que les mouvemens fe diftribuent aux maffes , & que la viteffe du choquant diminuë. Mais je m'abftiendrai de me fervir de ce mot , pour ôter auxCommençans toute occafion de penser qu'il y ait dans la nature d'autres forces que celles qui procedent du Choc.

PROPOSITION XI.

Si un mobile est plongé dans un fluide, dont un volume égal à celui du mobile pése autant que le mobile; le mobile demeurera au lieu où on l'aura posé.

Soit *XYZV*. (fig. 29) la coupe verticale d'un Cilindre plein d'eau, don la hauteur est *YX*, & la baze *YZ*, *ADBEC* est la coupe d'un globe dont les parties sont tellement liées les unes aux autres, qu'elles ne se confondent pas avec les parties de l'eau ; & dont *A* est le centre, *BC* l'axe verticale, & *DE* un de ses diamétres horizontaux.

L'experience apprend que si le mobile *A* pése autant dans l'air qu'un volume du fluide pareil à celui du mobile, le mobile nombres impairs 1. 3. 5. 7, 9. &c, Et il eft conftant que tou-tes les expériences que M. New-ton a faites avec des Pendules fuppofent cet effet.

Par où il paroît bien que la force acceleratrice du mobile capable de lui faire parcourir dans l'air 15 pieds en une fecon-de de tems, peut beaucoup di-minuer lorfqu'on met le mobile dans l'eau ; puifqu'il peut arri-ver que l'excès de fa pefanteur fur un pareil volume d'eau , foit fi petit, que le mobile pourra être plufieurs fecondes à parcou-rir 15 pieds : Mais il paroît auffi que dans ce mouvement le mo-bile continuera à fe mouvoir dans l'eau avec autant de faci-lité qu'il fe mouvroit dans le vuide , s'il n'avoit que le même degré de pefanteur qu'il a dans l'eau.

D'où je conclus qu'il eft im-

poſſible que ce mouvement acceleré puiſſe procéder d'aucune
force attribuée préalablement
au mobile : d'aucun effort par
lequel il puiſſe contraindre les
parties du fluide à lui céder leur
place. Que le mobile aura beau
être préalablement pouſſé vers
le centre de la Terre, ou y être
attiré ; jamais un tel effort ne
pourra être la cauſe phiſique de
l'acceleration de ſon mouvement dans le fluide.

On conçoît bien que dans le
vuide un mobile peſant par lui-
même, quelque petit que ſoit
ſon degré de peſanteur, c'eſt à-
dire, quelque petit que ſoit d'a-
bord l'eſpace qu'il commence à
parcourir, par rapport à celui
que parcourt un corps grave
qui décrit 15 pieds en une ſeconde de tems, accelerera ſon
mouvement, de telle ſorte qu'a-
pres avoir parcouru un certain
eſpace

espace durant un certain tems,
il en parcourra trois autres pareils durant un second tems pareil : cinq durant un troisiéme
tems, & ainsi de suite. Parce
que dans le vuide le mobile
après avoir acquis un certain
degré de vitesse à la fin de ce
premier tems, ne trouvant aucune résistance dans le milieu,
& continuant à s'y mouvoir
avec ce degré de vitesse, parcourra durant un second tems
pareil au premier, deux espaces
égaux chacun à l'espace qu'il
a parcouru durant le premier
tems : & que durant ce même second tems sa pesanteur ne trouvant pareillement aucune résistance dans le milieu, lui en fera
parcourir un troisiéme.

Mais si le mobile après avoir
acquis un certain mouvement
à la fin d'un certain tems, trouve
de la résistance dans le milieu

qu'il parcourt; il est évident que dès le premier commencement de sa chûte, il sera moins que jamais en état de parcourir les trois petits espaces, dont nous venons de parler, durant un second tems égal au premier. Car alors le fluide résistera non seulement au mouvement accelerant qu'il pourroit acquerir par sa propre pesanteur, mais encore plus au mouvement qu'il auroit acquis , & qui l'auroit mis en état de parcourir deux espaces égaux au précédent.

Il s'en faudroit donc toujours beaucoup que, dans un fluide resistant le mobile ne parcourût, durant un second tems pareil au premier , trois espaces égaux à celui qu'il auroit pû parcourir durant le premier tems. A plus forte raison n'en pourroit-t'il pas parcourir 5 durant un troisiéme tems , 7 durant un quatriéme ,

& ainfi de fuite dans la progreffion des nombres impairs, fi l'acceleration de fon mouvement
procede d'une certaine force qui
le rende pefant ; en un mot, fi
c'eft le mobile qui poufle l'eau,
ou fi ce n'eft pas plutôt l'eau qui
poufle le mobile.

M. Newton a démontré qu'un
mobile traverfant un fluide de
pareille pefanteur fpécifique,
en quelque fens que ce foit, &
qu'elle que foit la viteffe qu'on
lui donne d'abord, doit perdre
la moitié de fa viteffe avant que
d'avoir parcouru trois de fes diamétres ; Ce qui eft bien plaufi-
ble, puifque le mobile en parcourant trois de fes diamétres,
déplace trois volumes du fluide
égaux chacun au volume du
mobile.

Suppofons donc en premier
lieu, que l'on poufle de haut en
bas dans un vafe plein d'eau,

un mobile dont la pefanteur foit égale à celle d'un pareil volume d'eau ; bien loin que le mouvement du mobile puiffe aller en augmentant vers le fond du vaiffeau, le principe de M. Newton, & l'expérience même nous montrent qu'il ira toujours en diminuant, à caufe de la réfiftance que les parties de l'eau apporteront à leur déplacement.

Suppofons en fecond lieu qu'à la fin d'un certain tems un mobile qui péfe un peu plus qu'un pareil volume d'eau, étant pofé dans un tuïau plein d'eau, ait acquis en tombant de fon point de repos, un certain degré de viteffe, après y avoir parcouru trois de fes diamétres. Il eft clair que pour que l'acceleration de fon mouvement, fuive la loi des nombres impairs, comme cela arrive en effet ; il faut que durant un fecond tems pareil au

premier , le mobile parcoure
uniformément , par le mouvement qu'il a déja acquis , deux
espaces égaux chacun au précédent : c'est-à-dire , six de ses diamétres ; & un autre de ces espaces par la force acceleratrice ;
ou encore trois autres de ses diamétres.

Or le moïen que notre mo-
bile , dont la pefanteur n'eft de
guere plus grande que celle
d'un pareil volume d'eau, & qui
doit perdre , felon la régle de
M. Newton, près de la moitié
de fa vitefle, acquife à la fin du
premier tems , avant que d'avoir
parcouru durant le fecond tems
trois de fes diamétres , en puiffe
parcourir fix d'un mouvement
uniforme avec la vitefle qu'il a
déja acquife, & trois autres par
fa force acceleratrice ; c'eft-à-
dire , neuf de fes diamétres dans
autant de tems qu'il en a par-

couru trois ; si c'est en vertu d'une force qui lui soit propre que cet effet est produit ? On ne peut donc pas attribuer l'accélération du mouvement du mobile dans le fluide, à l'impulsion du mobile contre les parties du fluide, soit que cette force lui soit inhérente, soit qu'il la reçoive par quelque vertu que ce puisse être. Donc, &c. C. Q. F. D.

PROPOSITION XII.

Dans le mouvement vertical d'un mobile plongé dans un fluide, dont la pesanteur est uniforme, & dont un pareil volume pèse plus ou moins que le mobile, les vitesses acceleratrices que le mobile reçoit à chaque instant, procedent uniquement de l'impulsion des parties du fluide produite sur le mobile par l'excès de la tendance des parties du fluide sur celle du mobile : & le plus grand effet que cette impulsion puisse produire sur le mobile est de lui procurer un mouvement uniformément acceleré.

L'expérience apprend que si un mobile qui pése un peu moins qu'un pareil volume d'eau, est posé en repos au milieu de l'eau, le mobile, malgré sa pesanteur, ou sa tendance naturelle vers le bas du tuïau, se portera vers le haut par un mouvement acceleré plus ou moins grand, selon que la difference de la pesanteur du volume d'eau, dont il occupe la place, pardessus celle du mobile sera plus ou moins grande.

Or il est d'abord évident que cette ascension du mobile vers le haut du tuïau ne peut procéder de la pesanteur du mobile qui lui est contraire, & qu'elle ne peut venir que de l'impulfion des parties de l'eau contre le mobile, produite par l'excès de la tendance des parties de l'eau vers le fond du tuïau, fur celle des parties du mobile.

Mais le point de la difficulté eft de comprendre diftinctement comment cet effet s'opere fans que la maffe entiere de l'eau forte de fes bornes, ni que les parties de l'eau qui tendent à defcendre de *B* vers *C* (fig. 29) par *D*, *E*, &c. s'approchent du fond *YZ*.

Pour ne pas d'abord embraf-fer trop de difficultés à la fois, je fuppoferai ici que les parties de l'eau font de petits globules très polis, & dont la facilité à fe mouvoir eft telle que dès qu'on aura reconnu qu'il y a la moin-dre raifon qu'ils fe meuvent vers un certain lieu, ils le faffent in-continent fans aucun retarde-ment.

Nous

Nous expliquerons dans la suite, quelle doit être la disposition mécanique des parties du fluide qui peut leur procurer cette extrême facilité à se mouvoir, ainsi que nous venons de le supposer : mais je dis,

1°. Qu'en vertu de cette supposition, & de ce que toutes les parties de l'eau qui remplissent la capacité T du tuïau, tendent à se mouvoir verticalement vers le fond YZ, sans qu'il soit nécessaire qu'elles s'en approchent effectivement ; on conçoit qu'elles pressent de toute part le mobile A, de telle sorte que dès l'instant qu'il quittera avec quelque vitesse que ce soit la place qu'il occupe, dès le même instant les parties de l'eau iront d'elles-mêmes l'occuper ; sans qu'il soit besoin d'autre force que celle de leur pesanteur, pour les y pous-

A a

ſer avec la même viteſſe que le mobile s'en retire.

2°. Que toute la maſſe de l'eau pouſſant ſans ceſſe contre le mobile *A* les globules *a*, *b*, *c*, *d*, &c. 1. 2. 3. 4. &c. qui touchent ſa ſuperficie ; le globule 1. qui répond à l'extrémité de l'axe *BC*, tendant à deſcendre vers *YZ*, & n'y pouvant deſcendre en effet à cauſe que les globules inferieurs qui occupent le fond du tuïau, & qui y tendent avec une égale force, balancent ſon effort ; les globules 2. 2. qui ſont à côté du globule 1. tendront à monter par-deſſus le globule 1. ſans que le globule 1. deſcende ; tandis que les globules *b*, *b*, qui ſont à l'autre extrémité *B* de l'axe *B C* & qui tendent auſſi à deſcendre vers le fond *XZ*, tendront en même tems par leur peſanteur à s'écarter d'eux-mêmes horizontalement l'un de l'autre , & pourront par conséquent ne pas s'opposer à l'effort que font les globules inférieurs 2. 2. à pousser vers *T* le mobile *A* par leur tendance à monter par-dessus le globule 1.

3°. Que les globules 2. 2 monteront donc par-dessus le globule 1 , s'approcheront peu à peu l'un de l'autre jusqu'à ce qu'ils viennent à se toucher , & pousseront vers *T* le mobile *A* qu'on doit considerer sans pesanteur ; puisque la pesanteur qu'il auroit dans l'air est en équilibre dans l'eau avec la partie de la pesanteur du volume d'eau dont il occupe la place, laquelle ne contribuë pas à accelerer le mouvement du mobile.

4°. Qu'en même tems que les globules 2 , 2. s'approcheront l'un de l'autre, les globules 3 , 3. 4, 4. &c. en feront de même , & aideront les précédens à produi-

A a ij

re le même effet, tandis que les globules *b*, *b*. *c*, *c*, &c. qui tendront d'eux-mêmes à defcendre & à s'écarter par conféquent les uns des autres, ainfi que les globules *a*, *a*; s'en écarteront en effet d'eux-mêmes, & ne feront par conféquent aucun obftacle à l'action des précédens. Ainfi des globules 2, 2. 3, 3. &c. *a*, *a*. *b*, *b*. &c. qui font tant deffus que deffous le cercle horizontal dont *DE* eft le diamétre, les uns 2, 2. 3, 3. &c. s'approcheront mutuellement, & les autres *a*, *a*. *b*, *b*, &c. s'écarteront l'un de l'autre par l'effort que font toutes les parties de l'eau à defcendre vers le fond du tuïau.

5°. Que dès l'inftant que les globules 2, 2. commenceront à monter par-deffus le globule 1. & que les autres 3, 3. 4, 4. &c. s'approcheront l'un de l'autre ; le mobile *A* étant pouffé vers *T*.

non-seulement par ces globules,
mais aussi par l'effort commun
de toutes les parties de l'eau contenuës dans le tuïau qui le pref-
sent continuellement ; le mobile ne trouvant aucun obstacle
du côté opposé *B* , qui résiste à
cet effort, commencera aussi-tôt
à monter vers *T* par un mouvement acceleré , acquerra un degré de vîtesse *u* , & parcourra
un petit espace *z* durant le tems
t que les globules 2 , 2. met-
tront à s'approcher peu à peu
l'un de l'autre, lequel espace *z*
ne pourra être tout au plus que la
moitié de l'espace que le mobile
auroit parcouru en se mouvant
uniformément durant le même
tems *t* , avec la vitesse *u* qu'il
n'a achevé d'acquérir qu'à la fin
du tems *t*.

6°. Mais il faut ici bien
remarquer qu'il n'est nullement nécessaire que les parties

A a iij

de l'eau, qui pouffent le mobile vers *T*, parcourent verticalement aucun efpace fini, & acquierent en tombant aucune viteffe accelerée, quoique le mobile monte, & qu'il parcoure, en montant vers *T*, environ la longueur du diamétre d'un des globules. Car quoique les globules *c*, *c* par exemple occupent après cette premiere afcenfion du mobile la place *d*, *d* des globules fuivans; & qu'ils foient plus voifins du diamétre *DE* qu'ils ne l'étoient avant que le mobile montât; ce n'eft pas à dire pour cela que les globules *c*, *c* fe foient approchés de la baze *YZ* de l'efpace *cd*, *cd*; Car il eft clair que c'eft le mobile lui-même qui a parcouru cet efpace.

7°. Par où l'on voit que ce n'eft pas en vertu d'aucun mouvement acceleré que les parties de l'eau auroient pû acquérir en descendant, que le mobile est monté : mais que c'est uniquement par la force acceleratrice de ces parties ; ou par l'excès de la tendance qu'elles ont à descendre sur celle du mobile , & par laquelle les globules inférieurs 2. 2 : 3. 3. &c. ont pressé le mobile sans aucune interruption de tems , en s'approchant les uns des autres horizontalement par l'effort continuel de toutes les parties de l'eau, qui procede de leur pesanteur, ou de leur tendance à descendre , & qui presse le mobile de toute part.

8°. Que durant le second tems *t*, le mobile aïant acquis une vitesse capable de lui faire parcourir , uniformément deux espaces égaux à celui qu'il vient de parcourir, & les parties *b*, *b* : *c*, *c* : &c. qui tendent à descendre pouvant ne faire aucun obstacle à ce mouvement ; on comprend que la même opération qui s'eſt faite durant le premier tems, aura pû s'executer deux fois, ſans que les parties inférieures 2. 2 : 3.3. &c.de l'eau qui tendent toujours d'elles -mêmes à occuper la place que le mobile quitte, l'aïent preſſé pour accelerer ſon mouvement: mais on peut concevoir que durant ce même ſecond tems, la précédente opération a pû être répetée trois fois ; parce que l'on peut comprendre que les parties de l'eau, à cauſe de l'extrême facilité qu'on leur a attribuée à ſe mouvoir auſſi-tôt qu'il y a la moindre raiſon quelles le faſſent, ont pû preſſer le mobile durant ce ſecond tems auſſi fortement que durant le premier tems. Mais on ne peut pas concevoir que cette même opération ait pû être répétée plus de trois fois durant ce ſecond tems ; parce que les parties de l'eau n'ont pas pû durant ce second tems agir plus fortement sur le mobile qui fuit leur choc, que durant le premier tems. D'où il suit clairement que le plus grand espace que le mobile ait pû parcourir durant ce second tems est d'avoir parcouru trois espaces égaux au premier.

9°. On démontrera de même que, durant le troisiéme tems, (au commencement duquel le mobile a acquis une vitesse double de celle qu'il avoit acquise au commencement du second tems, & est en état de parcourir de lui - même quatre espaces égaux au premier ;) l'opération qui s'est faite durant le premier tems n'aura pû se répéter plus de cinq fois, & que le mobile n'aura pû parcourir tout au plus durant ce troisiéme tems que 5 espaces égaux chacun à celui qu'il a parcouru durant le premier tems. Et ainsi de suite.

10°. Or la même chose doit arriver en sens contraire lorsque le mobile pése plus qu'un pareil volume d'eau : ou ce qui revient au même lorsque l'eau tend avec plus de force à monter que le mobile ne tend aussi à monter ; avec cette seule différence que ce qui est arrivé dans le cas précédent aux globules 1. 2. 3. 4. &c. arrivera aux globules *a*, *b*, *c*, *d*, &c. & que ce qui est arrivé aux globules *a*, *b*, *c*, *d*, &c. arrivera aux globules 1. 2. 3. 4.

REMARQUE.

Ce que l'on vient de dire peut suffire pour faire comprendre comment lorsqu'un mobile plongé dans l'eau monte ou descend par un mouvement uniformément acceleré, cet effet ne peut procéder que du mouvement des parties de l'eau, ou de tout autre

fluide, qui produit à chaque inftant dans le mobile la viteffe
qui lui eft néceffaire pour monter ou defcendre & accelerer
fon mouvement ; & de la grande
facilité attribuée aux globules
du fluide, pour fe prêter à toutes les impreffions que la pefanteur des parties du fluide peut
leur donner.

D'où il fuit qu'il ne fert de
rien de faire tant valoir l'hïpo-
thefe de Galilée contre le fiftême du plein ; puifque cette hipothefe, qui fuppofe une pefanteur propre au mobile, ne
peut avoir fon effet que dans le
vuide, & échouë fi on veut l'ap-
pliquer au mouvement d'un mobile dans un fluide. Qu'il faut
néceffairement retourner l'hipotefe dans cette occafion, comme Copernic a retourné le fiftême de Ptolomée pour expliquer
mécaniquement le mouvement

des Aſtres ; & faire procéder cette force acceleratrice, non d'aucune impulſion, attraction, ou autre vertu attribuée préalablement au mobile ; mais de l'impulſion & du mouvement des parties du fluide qui agiſſent toutes mutuellement ſur le mobile par leur peſanteur, ou par leur tendance à s'approcher ou à s'éloigner du centre de la Terre ; de laquelle il faut maintenant tâcher de découvrir la cauſe.

PROPOSITION XIV.

La Peſanteur ne peut procéder de l'excès de la viteſſe de la matiere ſubtile ſur celle du mobile qu'elle entraîne en circulant dans un Tourbillon.

Deſcartes, après avoir ſuppoſé que la Terre étoit environnée d'un grand tourbillon qui s'étendoit bien au loin par

delà l'orbe de la Lune, attribuoit
la pesanteur à ce que la matiere
céleste en circulant alloit plus
vîte que la Terre. De telle sorte
qu'une pierre que l'on posoit au
milieu de l'air , & qui suivoit le
mouvement de la Terre, circulant par conséquent autour de
son centre , avec moins de vitesse que la matiere étherée ,
avoit par là moins de force centrifuge qu'un pareil volume de
cette matiere , & devoit par conséquent être poussée vers le bas
par l'excès de cette force.

Mais cette façon d'expliquer
mécaniquement le Phénomene
de la Pesanteur, souffre de si
grandes difficultés, qu'il n'est pas
possible de la deffendre.

Car pour n'en alleguer qu'une
seule, comment seroit-il possible que, la matiere céleste allant
17 fois plus vîte que la Terre,
(ainsi que M. Huguens a sup-

posé qu'elle devoit le faire pour contraindre une pierre, qui commence à tomber, à parcourir 15. pieds en une seconde de tems) cette matiere, poussant horizontalement la pierre avec une si grande vitesse, ne fît en ce sens aucune impression sensible sur ce mobile ? tandis que l'on veut que l'action de l'excès de sa force centrifuge sur celle de la pierre, qui n'est qu'une force infiniment petite par rapport à cette grande vitesse, y fasse toute l'impression qu'elle y peut faire. Il faut avouer qu'il y a là une absurdité manifeste ; & qu'il faut penser, comme M. Newton l'a très-bien remarqué, qu'un mobile entraîné par le courant d'un fluide doit aller à la longue aussi vîte que le courant qui l'entraîne.

La Terre & les corps qui l'avoisinent ne doivent donc pas

circuler moins vîte que la matiere étherée, puisque la Terre
ne circule autour de son axe,
que parce que cette matiere la
fait circuler ; & qu'il est visible
que quand bien même il y auroit
eu un tems où la Terre auroit
circulé moins vîte que la matiere
étherée, elle auroit enfin acquis
la même vitesse, par la raison que
la Terre n'étant retenuë par aucun endroit, & étant continuel-
ment poussée par la matiere environnante qui iroit plus vîte
qu'elle, elle auroit reçu sans cesse
un nouvel accroissement de vitesse. D'où il suit que la vitesse
avec laquelle elle circule seroit
enfin parvenuë à égaler celle
avec laquelle la matiere fluide
du tourbillon auroit circulé.
La pesanteur des corps qui nous
environnent ne peut donc procéder de cet excès de vitesse
de la matiere étherée sur

celle de ces corps. Donc, &c.
C. Q. F. D.

REMARQUE.

Quoique tout ce que nous avons dit jufqu'à préfent dans cette Leçon ne foit pas abfolument néceffaire pour concevoir diftinctement la vraie caufe mécanique de la Pefanteur, que nous aurions pû déduire immédiatement de la Propofition IX. de la Leçon précédente ; nous avons cru qu'il n'étoit pas inutile de mettre les Commençans bien au fait d'un Phénomene qu'on regarde encore maintenant comme la plus grande difficulté qu'il y ait à refoudre dans la Phifique. C'eft pourquoi quand bien même ce que nous venons de dire au fujet de la Pefanteur ne feroit pas tout régulierement démontré, on n'en pourroit néanmoins rien conclure clurre pour la fuite. J'avertis donc le Lecteur, qu'avant de paffer à la Propofition fuivante, il doit relire avec foin les Propofitions qu'elle fuppofe, & qui font contenuës dans la Leçon III.

PROPOSITION XV.

Dans un Tourbillon compofé de petits tourbillons, fi à quelle diftance on voudra de fon centre, on pofe un mobile dur, ou dont les parties ne foient pas en petits tourbillons, quoique ce mobile y circule auffi vîte que le volume de la matiere du tourbillon dont il occupe la place y auroit circulé, le mobile péfera, ou s'approchera continuellement du centre du tourbillon.

On a vû (Pr. 10) comment un mobile plongé dans un fluide dont un volume péfe autant que le mobile, le mobile demeure

B b

dans la place où on l'a poſé : &
(Pr. 13) comment, ſi le volume
du fluide péſe plus, le mobile
malgré ſa peſanteur ou ſa tendance naturelle vers le fond du
vaiſſeau ſe porte vers le haut par
un mouvement acceleré.

Si par exemple, dans un long
tuïau plein d'eau l'on poſe un
globe de cire, mêlée de telle ſorte
avec un peu de mine de plomb,
que le globe péſe autant qu'un
pareil volume d'eau, on verra
qu'en quelqu'endroit du tuïau
que l'on poſe ce globe il y demeurera. Mais que ſi le mobile
péſe moins qu'un pareil volume
d'eau, ce qui arrivera lorſqu'il
ne ſera compoſé que de pure
cire, le mobile malgré ſa peſanteur ou ſa tendance vers le fond
du tuïau, s'en éloignera par un
mouvement acceleré plus ou
moins prompt, ſelon que la différence de la peſanteur du volu-

me d'eau dont il occupe la place
pardeſſus celle du mobile, ſera
plus ou moins grande; ſans qu'il
ſoit néceſſaire que la maſſe entiere de l'eau ſorte de ſes bornes;
ni que les parties de l'eau qui
tendent à deſcendre, s'approchent du fond du tuïau.

Or on ne peut nier que dans
ce cas le mouvement acceleré
du mobile ne procede de l'impulſion continuelle des parties
de l'eau contre le mobile. De
telle ſorte que ſuppoſé la peſanteur d'un fluide : ou ſa tendance
vers un certain point, & la peſanteur d'un mobile plongé dans
ce fluide : ou ſa tendance vers le
même point, moindre qu'un
pareil volume du fluide; la difficulté dont il s'agit ici, n'eſt pas
de concevoir qu'en conſéquence
des loix de l'impulſion, le mobile
ſe mouvra du côté oppoſé à ſa
tendance naturelle. Car quoi-

qu'il puisse y avoir dans le détail de cet effet bien des points à éclaircir, on voit néanmoins que ce ne peut être que dans les loix des mécaniques qu'il faut chercher ces éclaircissemens ; ainsi que nous avons tâché de le faire (Pr. 13) & que nous le ferons encore dans la suite.

Mais la difficulté dont il s'agit maintenant est de découvrir d'où peut procéder cette tendance du fluide & du mobile vers le centre de la Terre. Si c'est là un effet qui ne dépende pas de l'impulsion ; ou s'il suffit de supposer que la Terre & les corps qui l'avoisinent soient au centre d'un grand tourbillon, qui s'étende au-delà de la Lune, pour concevoir que la tendance de ces corps vers le centre de la Terre, que nous éprouvons, est un effet qui procede de l'impulsion, & des loix des mécaniques,

Or je dis d'abord que si l'on
pose un mobile dur dans un
tourbillon simple formé de petits
globules durs, à quelle distance
on voudra du centre O (fig. 19),
& que le mobile y circule avec
la même vitesse que les parties
du tourbillon dont il occupe la
place y auroit circulé; le mobile aïant par-là autant de force
à s'éloigner du centre O, que le
volume des parties du tourbill.
dont il occupe la place, en auroient eu; & par conséquent autant de tendance à s'approcher
du point A ou C de la superficie Y, que les parties du tourbillon qui l'environnent; le mobile, dis-je, demeurera à la distance du centre O où on l'aura
posé, & continuëra d'y circuler
sans s'approcher ni s'éloigner du
centre. Par la raison qu'il sera
en équilibre avec les globules
qui l'environnent & qui tendent

avec autant de force que lui, à
s'approcher de la même superficie.

Mais si sans rien changer à
la vitesse des petits globules du
tourbillon *Y*, ni à celle du mobile, on suppose seulement que
tous ces petits globules soient de
petits tourbillons. Alors je dis
que malgré la tendance que le
mobile aura pour s'éloigner du
centre *O*, il s'en approchera.

Car la tendance que le mobile aura à s'éloigner du centre
O, ne procédant uniquement
que de sa circulation autour de
ce centre, sera égale à celle
qu'il avoit dans le tourbillon
simple, & qu'avoient les petits
globules durs de ce tourbillon
avant que d'être transformés en
petits tourbillons.

Mais dès que ces globules auront été transformés en petits
tourbillons, sans que leurs vi-

tesses autour du centre *O* aïent ni augmenté, ni diminué ; Alors les forces centrales de ces petits tourbillons à l'égard du centre *O*, dépendront de deux genres de mouvemens circulaires, l'un de leurs centres autour du centre *O* du grand tourbillon : l'autre des points dont ils font composés autour de leurs propres centres, qui tend à les écarter l'un de l'autre. Et le mouvement circulaire du grand tourbillon déterminera l'effort que les petits tourbillons font pour s'écarter l'un de l'autre, à fe diriger du centre vers la fuperficie.

D'où il fuit que les forces centrales de tous les points du tourbillon *Y* auront augmenté (Pr. 9. 3) fans que celle du mobile qui ne dépend que de fa circulation dans le plan de l'équateur *OMAN*, ou dans la fuperficie du cone *Omen*, foit devenuë plus grande qu’elle n’étoit dans le tourbillon simple.

D’où il suit enfin que c’est une néceffité que le mobile s’approche du centre O du tourbillon Y, avec une viteffe accelerée d’autant plus grande que l’excès de la force avec laquelle les parties du fluide tendent à s’éloigner du même centre O, eft plus grande que celle du mobile, fans qu’il foit néceffaire que le tourbillon Y s’étende au delà de fes bornes de la même façon que le mobile dont nous avons parlé (Pr. 13) qui tend moins à s’approcher du fond du tuïau plein, d’eau qu’un pareil volume d’eau, eft contraint de s’éloigner par un mouvement acceleré du fond du vaiffeau vers où il tend naturellement, avec une viteffe plus grande, que l’excès de la force avec laquelle les parties du fluide tendent à s’approcher du fond

du

du tuïau, est plus grande que celle du mobile, & sans qu'il soit nécessaire pour cet effet que la masse de l'eau s'étende au-delà de ses bornes. Donc, &c. C. Q. F. D.

REMARQUE.

Ainsi pour qu'un mobile placé dans un grand tourbillon, à quelque distance de son centre, pése ou tende à s'approcher du centre, & s'en approche en effet par un mouvement acceleré, il ne suffit pas que les parties dont le tourbillon est composé soient très-petites, il faut encore, comme l'a très-bien remarqué le P. Malebranche, que ces parties soient de petits tourbillons.

Il ne suffit pas aussi que le mobile soit placé dans un espace rempli de petits tourbillons, si ces petits tourbillons ne tendent pas à s'éloigner d'un centre : ou si ces petits tourbillons ne forment pas un grand tourbillon sphérique. Car dans ce cas en quelqu'endroit que ce soit de cet espace que l'on pose le mobile, les parties du mobile pourront bien être très-fortement comprimées les unes contre les autres, par l'effort centrifuge de chacun des petits tourbillons ; mais comme ces petits tourbillons, ne circulant pas autour d'un centre commun, ne tendront pas à se mouvoir plus fortement vers un point que vers un autre, ils ne pourront pas pousser le mobile vers un point plus fortement que vers un autre, le mobile restera donc dans ce cas au lieu où on l'aura posé.

Mais si ces petits tourbillons forment un grand tourbillon Y, & qu'ils tendent tous unanimement à s'éloigner du centre Q

de ce tourbillon, comme il doit
arriver (Pr. 9. 3) fi le tourbillon,
qu'ils formeront eft fphérique ;
Alors l'effort que les petites parties dont ils font compofés font
pour s'éloigner de leurs propres
centres, & qui tend à écarter
les centres de ces petits tourbillons les uns des autres, confpi-
rant avec l'effort qu'ils font tous
enfemble pour s'éloigner du centre commun O de leurs mouvemens circulaires autour de ce
centre, le mobile qui aura moins
de force centrifuge pour s'éloigner du centre O, qu'un pareil
volume de ces petits tourbillons,
s'en approchera néceffairement
par un mouvement acceleré. Ce
qui eft, à ce qu'il me femble,
d'une évidence parfaite.

PROPOSITION XVI.

*La pefanteur ou la force avec la-
quelle un mobile dur, compris*

C c ij

dans un tourbillon composé, tendra à s'approcher du centre de ce tourbillon, sera en raison inverse des quarrés des distances du mobile au centre du Tourbillon.

Car tout étant supposé, comme dans la Proposition précéd.

1°. La direction de la pesanteur du mobile en *C* (fig. 19) ne sera pas de la superficie au point de l'axe *I*, sur lequel tomberoit la perpendiculaire *CI*, menée du centre du mobile, mais au centre *O* du tourbillon; puisque la direction de la force centrifuge d'un tourbillon sphérique qui produit la pesanteur du mobile, dont la direction doit être opposée à celle-ci, n'est pas dans la ligne *CI*, mais (Pr. 6. 2) dans la ligne *CO*, ou de la superficie au centre du tourbillon.

2°. Le mobile ne doit pas se ressentir de l'excès de la vitesse

des points du tourbillon qui circulent dans la circonf. *mcnn,* dans laquelle le mobile circule en même tems ; puisqu'ici cette différence est nulle, & que la pesanteur du mobile ne dépend pas de l'excès de cette vitesse, mais bien de l'excès de la force centrifuge des points du tourbillon, qui naît de l'effort que les centres de ces points font pour s'écarter les uns des autres ; lequel effort leur procure une seconde force pour s'éloigner du centre *O* égale (Pr. 14. 3) à celle que leur procure leur circulation autour de ce même centre dans la superficie du cone *Omcn;* & que le mobile, dont on suppose que les points ne font pas en petits tourbillons, ne peut avoir cette seconde force, quoiqu'il ait la premiere.

3°. Que cette seconde force des parties du tourbillon étant

(Pr. 14. 3) toujours & par tout égale à la premiere, qui (Pr. 10. 2) croit & décroit en raison inverse des quarrés des diftances au centre O du Tourbillon, la pefanteur du mobile, qui eft l'effet immédiat de cette force, doit auffi croître & décroître de la même façon.

De telle forte que fi l'on pofe d'abord le mobile à la diftance $D = 3$ pieds du centre O, & enfuite à la diftance $d = 5$ pieds du même centre ; la force avec laquelle le mobile tendra à s'en approcher, étant à la diftance D, fera à celle avec laquelle il tendra à s'en approcher étant à la diftance d, comme dd à DD, ou comme 5×5, ou 25 eft à 3×3, ou 9. Ainfi $P . p :: dd . DD :: 25, 9$. Donc, &c. C. Q. F. D.

REMARQUE.

Il fuit de-là que le tems qu'un

mobile emploira à parcourir un
certain espace en commençant à
tomber du point *D* vers le centre *O* du Tourbillon étant 3. le
tems qu'il emploïera à parcourir le même espace en commençant à tomber du point *d* sera 5.
puisque (Pr. 6) les tems qu'un
mobile emploit à parcourir un
même espace avec des vitesses
acceleratrices, ou des pesanteurs
differentes , doivent être entre
eux en raison inverse des racines quarrées de ces vitesses ou
de ces pesanteurs.

Ainsi supposé que le centre
de la Terre soit le centre d'un
grand Tourbillon composé de
petits tourbillons, dont la superficie s'étende bien au-delà de
l'orbe de la Lune , il est évident
que quoique ce tourbillon fasse
mouvoir la Terre & tous les
corps qui l'avoisinent autour de
son propre centre , & la Lune

autour du même centre, aussi vîte que la matiere du tourbillon dont elle occupe la place, s'y mouvroit; si on éleve une pierre dont les parties sont en repos les unes auprès des autres au-dessus de la superficie de la Terre, cette pierre pésera ou descendra perpendiculairement, à notre égard, du lieu où on l'aura posée, sur la surface de la Terre, avec un mouvement acceleré.

Car quoique la pierre circule aussi vîte autour du centre de la Terre que le volume du tourbillon dont elle occupe la place, la force par laquelle elle tend à s'éloigner du centre de la Terre, n'est néanmoins que la moitié de celle par laquelle le volume du tourbillon tend à s'en éloigner; la pierre s'approchera donc du centre de la Terre par un mouvement acceleré, & pourra bien parcourir 15 pieds

en une seconde de tems.

Mais si on élevoit la pierre à une distance double de celle où elle est du centre de la Terre, alors sa pesanteur, ou sa tendance à descendre seroit 2×2 ou 4 fois moindre, & elle emploiroit 2 secondes de tems à parcourir 15 pieds. Et si on l'élevoit à une distance triple, sa pesanteur seroit 3×3 ou 9 fois moindre, & elle emploiroit 3 secondes à parcourir le même espace, & ainsi de suite.

De sorte que si on élevoit la pierre jusqu'à l'orbe de la Lune, qui est distant du centre de la Terre de 60 de ses demi-diamétres, la pesanteur de la pierre seroit 60×60 ou 360 fois moindre, & elle emploiroit 60 secondes ou une minute de tems à parcourir 15 pieds.

Si bien que si la Lune n'étoit soûtenuë au lieu où elle est, par

une cause que nous détermine-
rons ailleurs, elle tomberoit vers
le centre de la Terre, nonobstant sa circulation autour de ce
point, ni plus ni moins promptement que la pierre dont nous
venons de parler, & que nous
avons toujours supposé circuler aussi promptement que le
volume du tourbillon dont elle
occupe la place y circuleroit.
C'est-à-dire, que la Lune étant à
la distance de 60 demi diamétres
du centre de la Terre, & par là
sa pesanteur étant 60 × 60 ou
360 fois moindre que celle des
corps qui nous environnent, elle
ne parcourroit en commençant
à tomber du lieu où elle est sus-
penduë, 15 pieds qu'en 60 secondes, ou une minute. Mais
dans la suite sa vitesse accéléra-
trice augmenteroit par degrés
jusqu'à devenir aussi grande que
celle des corps qui nous environ-

nent.   Ainsi que M. Newton l'a
déterminé. *Pag.* 364.

Nous avons donc enfin dans
le tourbillon, composé de petits
tourb. une cause mécanique de
la pesanteur, ou de la force cen-
tripete, telle queM. Newton la
demande, qui croît & décroît en
raison inverse des quarrés des
distances au centre,& qu'il avouë
n'avoir pû déduire de ses suppositions. Elle provient non pas immédiatement de la force centrifuge que la matiere du tourb. acquiert en circulant autour du
centre commun ; mais de celle
qui naît de l'effort que les petits
tourbillons, dont le grand tourbillon est composé, font pour
s'écarter les uns des autres ; lequel effort est dirigé du centre
vers la superficie par la premiere
force centrifuge dont nous venons de parler.

Et cette cause est d'autant
plus mécanique, qu'on ne fait

ici consister la différence d'un corps pesant & d'un corps qui ne pése point, qu'en ce que les parties du corps qui pése ne sont pas en petits tourbillons, tandis que celles du fluide qui le rend pesant, sont en petits tourbillons ; qu'en ce que les parties des corps pesans sont en repos, & celles du corps qui ne pése point, sont en mouvement. Deux proprietés que généralement tous les Philosophes attribuent à la matiere sans aucune contradiction.

Ce qui montre enfin combien le sistême du Plein, dont on peut déduire si clairement des seules loix des Mécaniques, un Phénomene si important est préférable à celui du vuide, qui n'aïant pû fournir à M. Newton même aucun moïen de le faire, l'a obligé de regarder la Pesanteur comme un principe universel, & un effet sans cause.

Fin de la quatriéme Leçon.

LEÇON V.

DE
L'ETHER
Et de son insensible ré-
sistance.

PROPOSITION I.

Les Elémens de Descartes, tels qu'il nous les a décrits, ne peuvent sub-sister selon les loix des Mécaniques.

DEscartes aïant jugé avec raison que le mouvement, après avoir été une fois intro-duit dans la matiere, devoit y subsister toujours dans la même quantité, & ne s'appercevant

D d

vant pas que cet effet convenable pouvoit procéder d'une
certaine difpofition des parties
de la matiere, en attribua la
caufe à la nature même des loix
qu'il crut pouvoir déterminer felon fes vûës.

Ainfi, après avoir établi pour
principes, que le repos avoit une
force capable de réfifter au mouvement, & de laquelle il faifoit dépendre la Dureté: Que les
mouvemens contraires ne fe dé-
truifoient pas par le choc: Qu'un
petit corps lorfqu'il en choquoit
un grand, retournoit en arriere
ou fe réfléchiffoit fans ébranler
le grand: Qu'en un mot la quantité de la force mouvante que
Dieu avoit d'abord introduit
dans la matiere, devoit dans
tous les cas du choc refter la
même après comme devant le
choc, de quelque façon que fes
parties euffent pû fe mouvoir;

comptant qu'en vertu de ces
principes le mouvement requis
à chaque effet ne pouvoit lui
manquer, il ne se mit plus en
peine que de chercher à déterminer les figures & les grosseurs
des parties de la matiere, convenables à la production des effets qu'il consideroit.

Dans cette pensée, Descartes
jugea d'abord, que dès le commencement la matiere fut divi-
sée en un nombre innombrable
de petits Cubes : que ces cubes
aïant été mus sur leurs centres, leurs angles se rompirent :
qu'à force de tourner, ces petits
corps, qu'il supposoit durs, se
polirent & se revêtirent enfin de
la figure ronde. Que les parties
angulaires, qui se détacherent
d'abord des cubes, aïant des figures très-irrégulieres, s'accro-
cherent les unes aux autres, &
formerent des corps de differen-

te tissure & de grosseur assez considerable pour ne jamais recevoir du mouvement des autres parties de la matiere, & pour leur communiquer peu à peu tout celui qu'elles avoient pû recevoir, ce qui les rendoit peu propres au mouvement. Que celles qui s'en séparerent les dernieres, étant au contraire très-fines & très-déliées, avoient reçu du mouvement de toutes les autres, & n'en avoient jamais perdu, selon ses principes.

Que toutes ces diverses parties de la matiere aïant reçu un mouvement général en tous sens, & n'aïant pû long-tems continuer à se mouvoir en lignes droites, avoient formé un grand nombre de petits tourbillons qui se détruisirent les uns les autres, jusqu'à ce qu'aïant pris entr'eux des situations convenables, tout l'Univers s'étoit enfin trouvé rempli de très-grands tourbillons ; dont le Soleil, les Etoiles fixes & les Planetes étoient les centres ; Et que tous ces Tourbillons étoient composés des trois sortes de matiere, dont nous venons de parler, qu'il nomma élémentaires.

Que la matiere dont les parties étoient les plus fines, & le plus en mouvement selon ses principes, étoit le Premier élément auquel il donnoit le nom de feu. Que la matiere globuleuse étoit le Second élément destiné à transmettre la lumiere. Et que la matiere dont les parties étoient grossieres, branchuës, & de toute sorte de figure, étoit le Troisiéme élément.

Que la matiere du premier élément étoit comprise dans les espaces angulaires que laissoient entr'eux les globules du second élément dont tout l'Univers

étoit rempli, & qui s'entretou-
choient tous exactement pour
tranfmettre promptement les
vibrations de la matiere des
corps lumineux qu'il plaçoit
aux centres des grands tourbillons. Qu'enfin la matiere du troifiéme élément, comme la moins
propre au mouvement, occupoit les centres des tourbillons
des Planetes que le grand tourbillon du Soleil entraînoit dans
fa capacité, & formoient tous les
corps fenfibles dont les pores
ou les intervales, que leurs parties laiffoient entr'elles, étoient
remplis de la matiere du premier
& du fecond élément qui com-
pofoit ce qu'on nomme l'Ether.

Mais l'expérience nous aïant
defabufé de prefque tous les principes que Defcartes avoit fuppo-
fés ; nous faifant voir : que les
mouvemens contraires fe détruifent : que le repos ne réfifte

point au mouvement : que la
Réflexion est un effet qui dépend du Ressort phénomene
très-composé : que le plus grand
corps en repos reçoit du mouvement du moindre petit corps
qui le choque : que par conséquent la dureté ne peut procéder du seul repos des parties d'un
corps, lesquelles étant très-petites, doivent recevoir du mouvement au moindre effort, & se
séparer l'une de l'autre : qu'enfin
un mouvement en tous sens, tel
que Descartes le suppose dans
les parties de son premier & de
son second élément, est une pure
chimere, ainsi que nous l'avons
montré (Pr. 1. 3), &c.

Nous conclurrons en general
que les Elémens de Descartes
tels qu'il nous les a décrits, ne
peuvent subsister dans la nature
selon les loix des mécaniques,
principalement parce que les

D d iiij

parties de la matiere de son premier élément étant les plus subti-
les, quelque vitesse qu'elles eussent pû avoir reçuë dès le commencement, auroient dû aussi-tôt
l'avoir perduë, en la communiquant aux parties de son second
& de son troisiéme élément qu'il
suppose mille fois plus grosses.

Car un mobile dont la vitesse
est 101. par exemple, ne peut
rencontrer un autre mobile en
repos dont la masse est 100. fois
plus grande que la sienne, qu'il
ne lui communique à l'instant
du choc 100. de ses 101. degrés
de vitesse ; de sorte qu'après le
premier choc qui ne peut durer
qu'un instant, chacune des parties de la matiere subtile du 1er
élément de Descartes auroit eu
d'autant moins de vitesse que sa
masse auroit été plus petite que
celle de chacune des parties de
son 2e. & de son 3e. élément.

D'où il suit qu'après un certain nombre de chocs, qui n'éxigent pour être produits que le moindre tems sensible, les parties de cette matiere si subtile, & qu'on supposoit être si fort agitée, n'auroit plus de vitesse sensible. Il en auroit été de même des parties de son second élément, par rapport à celles du troisiéme. Donc, &c. C. Q. F. D.

REMARQUE.

Les expériences sur le mouvement dont je viens de parler sont si fort averées, que les Philosophes les plus attachés à Descartes ne font aucune difficulté de l'abandonner sur ces points. Mais ce qui est surprenant, c'est qu'abandonnant le principe dans la spéculation, ils ne laissent pas d'en retenir souvent les conséquences dans la pratique, en continuant de chercher la cause des effets qu'ils confiderent dans la détermination des figures des parties de la matiere qu'ils jugent propres à produire cet effet, fans fe mettre en peine de déterminer les mouvemens qui peuvent mettre ces figures en jeu , comptant comme Defcartes que le mouvement ne peut leur manquer ; Au lieu que c'eft plûtôt à déterminer diftinctement les mouvemens, & les caufes premieres de ces mouvemens, qu'ils doivent tourner leur attention ; puifque ce font ces mouvemens qui ont la meilleure part à la production des phénomenes.

PROPOSITION II.

L'Ether eft un efpace compofé de petits tourbillons qui occupent tout l'Univers.

Car (Pr. 1. 3) la matiere ne pouvant continuer long-tems à

se mouvoir en tous sens en lignes droites , & (Pr. 2. 3) le &
mouvement n'y aïant pû être
introduit que sous la forme de
Tourbillon , on voit déja que la
supposition des grands Tourbill.
de Descartes n'est pas , dans le
sistême du Plein, une simple hi-
pothese arbitraire ; on juge au
contraire que c'est l'unique
moïen qu'il y ait d'introduire le
mouvement dans la matiere
d'une façon durable.

Ce qui a empêché Descartes
de poursuivre son idée , dans le
détail de ses élémens est : que
n'aïant pas compris qu'un Tourbillon pût long - tems subsister
parmi d'autres tourbillons environnans , à moins d'un arrangement singulier, parce qu'il les
croïoit plus foibles du côté des
Poles que du côté de l'Equateur;
Il craignoit avec raison que si les
petites parties , dont ses élémens

devoient nécessairement être
composés, eussent été de petits
tourbillons ; ces petits tourbillons, dans la grande agitation
qu'il devoit nécessairement attribuer aux parties de ses élémens, n'auroient jamais pû conserver l'arrangement particulier qu'il croïoit être nécessaire
à leur conservation.

Mais maintenant que nous
avons démontré (Prop. 7. 2)
qu'un tourbillon sphérique se
deffend de toute part avec une
égale force, & (Pr. 3. 3) qu'il
peut par conséquent subsister
parmi d'autres tourbillons environnans dans quelque situation
qu'il soit à leur égard: Que d'ailleurs le mouvement qu'il est nécessaire de supposer dans la matiere qui compose chacun des
grands tourbillons, pour expliquer les phénomenes, ne peut
pareillement y subsister, si ses

moindres parties se meuvent d'une façon confuse & en tous sens, à moins (Pr. 2. 3) que ce ne soit en tourbillons ; On voit avec combien de raison le P. Malbranche a transformé les petits globules durs, dont Descartes formoit son second élément, en autant de petits tourbillons qui, quoique situés entr'eux de quelque façon que ce soit, peuvent s'y conserver selon les loix des Mécaniques, & de la maniere que nous l'avons expliqué dans toute la Leçon III.

Il est donc évident que par la raison que, dans le sistême du Plein, le mouvement n'a pû être introduit dans l'Univers qu'en forme de grands tourbillons; par la même raison le mouvement n'a pû être introduit dans la matiere de chacun de ces grands tourbillons qu'en forme de petits tourbillons, & que par conféquent l'Ether qui remplit tout l'Univers ne peut être qu'un efpace compofé de petits tour-billons. C. Q. F. D.

REMARQUE.

Si ceux qui font encore atta-chés à l'idée imparfaite que Def-cartes nous a donné du Méca-nifme de la Nature ; Et que, fans parler de la multiplicité de fes fuppofitions : de la *force* qu'il at-tribuoit au fimple repos des par-ties de la matiere : de la *réfléxion* à laquelle il n'affignoit aucune caufe phifique & mécanique : de ce *mouvement confus* des parties de la matiere fubtile , qui ne lui manquoit jamais en aucune occafion , &c. Si ces difciples trop zelés veulent faire atten-tion à ce que Defcartes ne pla-çoit la matiere de fon premier élément , dont il déduifoit les phénomenes du Feu , que dans

les espaces angulaires que les
globules du second élément, qui
rempliſſoient tout l'Univers,
laiſſoient entr'eux ; ils verront
bien-tôt qu'il étoit impoſſible
que cette matiere eût jamais pû
ſe dégager ſi promptement des
priſons dans leſquelles Deſcartes l'avoit renfermée pour venir
produire en un inſtant des effets auſſi étendus que ſont ceux
de la flamme qui embraſe en peu
de tems toute une forêt, ou une
ville entiere. Car les globules du
ſecond élément de Deſcartes
étant durs, & occupant tout l'U-
nivers, c'étoit une néceſſité ab-
foluë que les parties de la matiere de ſon premier élément
reſtaſſent toujours dans les eſpaces angulaires où Deſcartes les
avoit d'abord placées ; & que
c'eſt ſuppoſer l'impoſſible que
de vouloir qu'elles euſſent pû
jamais en ſortir, pour ſe raſſem-

bler en un lieu fenfible, & s'y dégager de celle du fecond élé-ment.

D'ailleurs l'hipothefe des petits tourbillons n'étant au fond qu'une fimple extenfion de celle des grands tourbillons de Defcartes ; Et la néceffité qui a obligé ce Philofophe d'avoir recours aux grands tourbillons pour introduire le mouvement dans l'Univers d'une façon durable, n'étant pas moindre pour l'introduire dans la matiere dont ces grands tourbillons font formés ; On voit combien la néceffité d'admettre l'hipothefe des petits tourbillons eft urgente, & qu'on ne doit plus la regarder dans le fiftême du Plein, comme une fuppofition arbitraire; mais comme le feul moïen qu'il y ait eu d'y introduire le mouvement, néceffaire à la production des Phénomenes.

PROP.

PROPOSITION III.

Dans le sistême des petits tourbillons l'Ether est élastique, & les mêmes élémens que Descartes avoit imaginé s'y trouvent avec la distinction la plus parfaite.

Car 1°. en transformant en petits tourbillons les globules durs du second élément de Descartes, qui remplissoient tous ses grands tourbillons, & par conséquent tout l'Univers, on n'a changé ni leur grandeur ni leur figure, on leur a seulement procuré une proprieté très - convenable à la propagation de la lumiere qu'ils n'avoient pas, selon les loix des Mécaniques, quoique Descartes la leur attribuât, savoir (Pr. 7. 3) une élasticité très-prompte & très - vive , qui peut transmettre les impulsions des parties des corps lumineux

E e

à de très-grandes diſtances, &
en un inſtant preſqu'indiviſible,
comme nous le démontrerons
ailleurs. Ainſi l'on voit que dans
cette nouvelle ſuppoſition on a,
comme chez Deſcartes, la matiere globuleuſe du ſecond élément, qui occupe tout l'Univers.

2°. Ces petits tourbillons étant
néceſſairement formés d'une infinité de petites parties qui circulent autour de leurs centres,
avec des viteſſes inégales, & qui
achevent leurs révolutions avec
une promptitude qui ſurpaſſe
l'imagination ; on voit que la
ſomme entiere de toutes ces petites parties compoſe un milieu,
dont tous les points ſont néceſſairement & perpetuellement
dans un très-grand mouvement
les uns à l'égard des autres, &
d'une ſubtilité prodigieuſe par
rapport aux petits tourbillons

qu'ils composent. On voit donc
naître de là une matiere incomparablement plus subtile &
plus agitée que celle de la matiere du second élément , & qui
n'est plus renfermée dans les
limites étroites que Descartes
lui avoit assignées. Que cette
matiere subtile du premier élément que nous substituons à
celle de Descartes, remplit non-
seulement tous les petits espaces
angulaires , que celle de Descartes occupoit , mais encore
tous les petits tourbillons qui
composent la matiere du second
élément qu'elle forme , & que
par conséquent la matiere subtile de notre premier élément
s'étend par tout l'espace qu'occupe le second élément. De sorte que par tout où sont les grands
tourbillons de Descartes, dont
le monde entier est formé , par
tout où est la matiere du second

élément qui conftituë la lumiere, & qui eft par tout où font
les grands tourbillons; par tout
là eft auffi individuellement la
matiere du premier élément qui
conftituë le feu, & dont les fonctions different prodigieufement
de celles de la lumiere, tant par
la petiteffe des parties dont il eft
compofé, que par la grandeur
du mouvement dont il eft continuellement agité, qui furpaffe
bien au-delà celle que Defcartes pouvoit lui attribuer.

3°. A l'égard de la matiere du
troifiéme élément, on peut la
diftinguer de celle du fecond &
du premier, parce que fes parties ne font pas en petits tourbillons, mais en repos les unes
auprès des autres ; ce qui (Pr. 15.
4) la rend lourde ou pefante &
plus difficile à mettre en mouvement, comme nous l'expliquerons dans la fuite Donc, &c. C.

PROPOSITION IV.

On peut concevoir dans la matiere autant de differens milieux élastiques que l'on voudra qui rempliront chacun tout l'Univers sans se confondre, ni se nuire l'un à l'autre dans leur action.

Quoiqu'il semble que par l'introduction des petits tourbillons du P. Malbranche, à la place des globules durs du second élément de Descartes, on ait déja divisé la matiere au-delà de l'imagination; je doute néanmoins si ce point de division suffit, & si l'inspection des effets de la nature ne nous portera pas à la pousser encore plus loin.

C'est pourquoi afin de n'être pas arrété dans la suite, je crois qu'il est à propos de considerer ici : Que l'on peut très-bien concevoir que les petits tourbillons, dont le P. Malebranche a sup-

posé que les grands tourbillons
de Descartes étoient composés,
& que nous appellerons *petits
tourbillons du premier ordre*, peuvent être des tourbillons composés d'autres petits tourbillons,
que nous appellerons *petits tourbillons du second ordre*. Et que l'on
peut encore penser, comme je
l'ai dit *Mem. de l'Acad.* 1729.
que les petits tourbillons du second ordre font auffi des tourbillons composés d'autres petits
tourbillons d'un troisiéme ordre.
Et ainfi de fuite, non pas à l'infini : mais tant qu'il fera néceffaire de pouffer la divifion &
la fubdivifion actuelle de la matiere pour expliquer les Phénomene ; puifque la matiere eft
réellement divifible à l'infini,
& qu'on ne peut fe difpenfer de
fuppofer que dès le commencement elle a été actuellement di-
vifée & fubdivifée autant qu'il

étoit néceſſaire, & de la maniere
la plus convenable à la production des Phénomenes.

Au contraire rien n'eſt plus
naturel, ce me ſemble, que de
penſer que l'Auteur de l'Univers, en n'emploïant dans la
conſtruction de ſon ouvrage,
que la matiere & le mouvement,
s'eſt procuré les mêmes avantages que les Géométres de nos
jours ſe ſont procurés eux-mêmes, dans les dimenſions de l'é-
tenduë, en y conſiderant des infiniment petits de tous les ordres.

Et s'il y a des problêmes en
Géométrie dont la ſolution dépende néceſſairement de quelqu'un de ces ordres d'infiniment
petits, que les Géométres conſi-
derent ; pourquoi ne pas penſer
auſſi ? qu'il y a dans la nature des
effets qui dépendent d'un certain degré de ſubdiviſion de la
matiere, qui n'auroient pû être

produits par sa premiere division ; & pour l'explication desquels on se tourmentera inuti-
lement, tant qu'on n'ira pas jusqu'à la consideration de cet ordre de subdivision dont il dépend ; comme les Géométres se
tourmenteroient en vain s'ils
vouloient resoudre les problêmes de la duplication du Cube
ou de la trisection de l'Angle, en
ne se servant que du cercle & de
la ligne droite ; tandis que ces
problêmes ne peuvent être con-
struits & résolus, qu'à l'aide d'une
des sections coniques. D'autant
mieux qu'il n'est pas nécessaire
de supposer ici , que la différence des petits tourbillons d'un
ordre supérieur, & des petits
tourbillons d'un ordre inférieur,
soit infiniment grande; mais qu'il
suffit de concevoir , par exemple, qu'un tourbillon du premier
ordre contient quelque million
de

de tourbillons du second ordre, & un tourbillon du second ordre quelque million de tourbillons du troisiéme ordre ; & ainsi de suite. Et deux ou trois de ces differens ordres de tourbillons, pourront suffire pour tout expliquer.

Or cette division & subdivision de la matiere en petits tourbillons de differens ordres étant supposée, il s'ensuit,

1°. Que les petits tourbillons du premier ordre composeront un premier milieu élastique qui remplira toute l'étenduë du grand tourbillon *O* (fig. 21) & non seulement toute l'étenduë de ce tourbillon, que l'on peut regarder comme representant le tourbillon solaire (fig. 24), & toute l'étenduë des tourbillons subalternes qu'il contient ; mais encore toute l'étenduë des tourbillons *B*, *C*, *D*, &c. *H*, *I*, *K*, &c.

(fig. 21) qui peuvent environner de près ou de loin le tourbillon *O*, & qui leur sont égaux. De sorte que si tout l'Univers est rempli de grands tourbillons, comme Descartes l'a supposé, tout l'Univers sera pareillement rempli de petits tourb. du premier ordre, ou du milieu élastique, que l'assemblage de tous ces petits tourbill. pourra former.

Que non-seulement ce premier milieu élastique que nous nommons l'*Ether* ou la *Lumiere*, remplira tous ces grands tourbillons, mais qu'il pourra encore occuper tous les espaces angulaires *NLO*, *nlo*, &c. que ces grands tourbillons laissent parmi eux, & toute l'étenduë des tourbillons subalternes qu'ils peuvent contenir, sans que cela empêche que ces grands tourbillons ne puissent subsister, tels que nous les avons décrits jusqu'à

préfent ; ni que de la même façon que ces grands tourbillons
fe foutiennent en fe balançant
les uns les autres ; de la même
façon auffi les petits tourbillons
ne fe foutiennent, ne fe balancent entr'eux, & ne fe mettent
en équilibre fans obftacle de la
part de l'action mutuelle des
grands tourbillons qui les contiennent.

2°. Que les tourbillons du fecond ordre compoferont de même un fecond milieu élaftique,
qui non-feulement remplira tout
l'efpace que chacun des petits
tourbillons du premier ordre occupe, mais encore tous les efpaces angulaires que ces petits tourbillons laiffent parmi eux ; Et
fans que ces petits tourbillons
du premier ordre ne puiffent
fubfifter, tels que nous venons
de les décrire.

Et comme tous les tourb. du

1er ordre en se soutenant mutuellement, en se balançant, en se mettant en équilibre, forment un milieu élastique qui remplit tout l'Univers, sans que cela empêche que les grands tourbillons qu'ils remplissent & qu'ils forment, ne subsistent dans leur entier, & ne soient en état d'exercer toutes leurs fonctions ; De même les petits tourbillons du second ordre qui remplissent & composent tous les petits tourbillons du premier ordre formeront, en se soutenant mutuellement, en se balançant, en se mettant en équilibre, un second milieu élastique qui remplira tout l'Univers ; Et dont l'élasticité & les autres fonctions seront autant indépendantes de l'élasticité & des autres fonctions du premier milieu, que l'élasticité & les autres fonctions de ces derniers le sont de l'élasticité &

des autres fonctions des grands tourbillons. Et ainsi de suite.

On peut donc enfin concevoir dans un même espace autant de différens milieux élastiques que l'on voudra dont (Pr. 7. 3) l'élasticité de l'un sera d'autant plus prompte que l'élasticité de l'autre, que les petits tourbillons dont l'un de ces milieux sera composé, seront plus petits que ceux de l'autre milieu. Et sans que ces milieux se confondent ni se nuisent l'un l'autre dans aucunes de leurs fonctions. Donc, &c. C. Q. F. D.

PROPOSITION IV.

Si dans les milieux élastiques dont nous venons de parler il arrive par quelque cause que ce puisse être, que quelques-uns de leurs petits tourbillons viennent à être détruits ou dépoüillés de l'étenduë

F f iij

qui leur convient, ils pourront se rétablir dans leur premier état.

Car supposé que quelqu'un des tourbill. contenus dans l'espace SS, comme G (fig. 21) vienne à être détruit par quelque cause que ce puisse être, & qu'il ne lui reste plus que fort peu d'étenduë autour de son centre : Alors ce tourbillon sera contraint de se réfugier dans quelqu'un des espaces angulaires *nlo* (fig. 21) & pourvu qu'il n'ait pas été réduit à la petitesse des tourbillons du second ordre, qui remplissent cet espace, & qu'il ait conservé un rapport fini avec les tourbillons du premier ordre ; Ce petit tourbillon, dis-je, renfermé dans l'espace angulaire *nlo*, s'y agrandira en contraignant d'abord les tourbillons du second ordre, qui occupoient le même espace, de

suivre son mouvement circulaire. Et (Pr. 13. 3) dans un tourbillon sphérique la force & la vitesse se distribuant nécessairement avec égalité à tous les
points, selon les loix de l'équilibre des forces centrales ; le tourbillon *r* y acquerra tout aussi-
tôt toute la force & la vitesse
qu'il lui faut pour redevenir
aussi grand que les autres , &
continuer de faire équilibre avec
eux.

Mais les petits tourbillons du
genre inférieur dont l'on conçoit que les espaces angulaires
LON, *lon*, &c. & les tourbillons
B. N. I. sont remplis, ne pourront pas s'agrandir de même,
tant parce que faisant équilibre entr'eux, l'un ne peut s'a-
grandir aux dépens des autres,
jusqu'à les engloutir, à moins que
par quelque cause étrangere il
ne reçoive un mouvement ex-

traordinaire, que parce que ces petits tourbillons contenus dans l'espace *lon*, font aussi équilibre avec tous les petits tourbillons du même ordre qui composent les tourbillons *B. H. I.* & qui remplissent tout l'Univers. Donc &c. C. Q. F. D.

REMARQUE.

On voit par là que par les seules loix de l'équilibre, tous ces differens ordres de tourbillons aïant été une fois introduits dans l'Univers, peuvent s'y conserver & tous les divers milieux qu'ils forment, s'y entretenir, quelqu'accident qu'il leur arrive.

PROPOSITION V.

La tendance qu'a la matiere étherée vers la superficie du tourbillon, & par laquelle elle pousse les corps pesans vers le centre, peut croître & décroître en raison inverse des quarrés des distances; sans qu'il soit nécessaire que sa masse croisse & décroisse dans la même proportion : mais en demeurant toujours la même.

Car cette tendance de la matiere étherée procédant (Pr. 15. 4) du mouvement circulaire des points des petits tourbillons dont elle est formée , & cette circulation pouvant être plus ou moins prompte , & le nombre de ces petits tourbillons plus ou moins grand , sans qu'il soit nécessaire qu'il y ait plus ou moins de matiere dans un certain volume d'éther ; il est clair que cette tendance peut augmenter ou diminuer , & croître ou décroître en raison inverse des quarrés des distances , comme on a démontré (Pr. 6. 14) qu'elle le devoit faire selon les loix des mécaniques , sans qu'il soit né-

cessaire que la quantité de matiere que ce volume contient
change.

D'où il suit que la pesanteur
d'un même mobile, dont la matiere n'est pas en petits tourbillons, étant produite par cette
tendance de la matiere étherée,
& lui étant toujours égale, croîtra & décroîtra pareillement en
raison inverse des quarrés des
distances ; sans qu'il soit nécessaire que la masse du mobile
augmente ou diminuë en aucune façon. Donc , &c. C. Q. F. D.

REMARQUE.

Comme ce ne peut être que
par une cause très-générale que
les petits tourbillons de l'éther
peuvent recevoir le changement
de vitesse dont nous venons de
parler , il ne faut pas être surpris que les corps pesans qui sont
à une égale distance du centre

de la Terre, aïent tous constamment un degré de pesanteur
égal & sensiblement invariable ;
puisqu'à cette même distance
égale du centre de la Terre les
petits tourbillons de l'éther ont
tous une égale tendance vers la
superficie, & telle qu'il ne peut
y avoir de cause particuliere capable de la faire varier, tantôt
en un endroit, tantôt en l'autre, à cause de l'équilibre universel dans lequel tous ces petits tourbillons se maintiennent
nécessairement.

Mais une des plus grandes difficultés qu'on ait formées de
tout tems contre le fistême du
plein, est la facilité avec laquelle
on éprouve qu'un mobile poussé
horizontalement dans l'éther,
continuë à s'y mouvoir malgré
le déplacement perpetuel qu'il y
doit faire de la matiere du fluide
qu'il rencontre, & dont le vo-

lume eft égal au volume du mobile, à chaque fois qu'il parcourt un de fes diamétres : De ce qu'un boulet de canon par exemple parcourt plus de mille fois fon diamétre avant que d'avoir perdu une quantité fenfible de la viteffe qu'il acquiert quand on le tire ; & M. Newton a augmenté cette difficulté par des obfervations très-exquifes.

M. Newton a d'abord démontré (*Pag.* 317) qu'un mobile *denfe* ou *pefant*, car par ces deux mots il n'entend qu'une même chofe, traverfant un fluide d'une égale denfité fpécifique ; c'eft-àdire, dont un volume pareil à celui du mobile péfe autant que le mobile : Le mobile fans même avoir égard à la vifcofité, adhérence ou tenacité des parties du fluide les unes aux autres, perdra à chaque fois qu'il parcourra horizontalement dans le flui-

de trois de ses diamétres, la moitié de la vitesse qu'il aura en commençant à les parcourir, quelque grande ou petite que puisse
être cette vitesse.

C'est-à-dire, que si l'on distribuë la vitesse du mobile au commencement de son mouvement,
en 8 degrés par exemple, le mobile n'aura plus que 4 degrés de
vitesse après avoir parcouru 3
de ses diamétres, il n'en aura
plus que deux deg. après avoir
parcouru 6 diamétres, il n'en
aura plus que 1 deg. après avoir
parcouru 9 diam. il n'en aura
plus que $\frac{1}{2}$ deg. après avoir parcouru 12 diam. & ainsi à l'infini
jusqu'à ce qu'il ne paroisse plus
se mouvoir.

M. Newton a ensuite observé,
que moins le fluide étoit dense,
moins le mobile éprouvoit de
résistance en le parcourant, ou,
ce qui revient au même, plus le

mobile parcourroit de ses diamè-
tres avant que d'avoir perdu la
moitié de sa vitesse.

Que le vif argent étant 13 ou
14 fois plus dense que l'eau, &
l'eau 8 ou 9 cens fois plus dense
que l'air que nous respirons, la
résistance qu'un mobile éprouvoit dans le vif argent étoit aussi
13 ou 14 fois plus grande que
celle qu'il éprouvoit dans l'eau,
& celle qu'il éprouvoit dans l'eau
8 ou 9 cens fois plus grande que
celle qu'il éprouvoit dans l'air.

D'où il a conclu que si les espaces celestes & les pores des
corps sensibles du plomb, du vif
argent, de l'eau, de l'air, &c.
étoient remplis d'un fluide aussi
dense & aussi materiel que les
Cartésiens le supposent, eux qui
ne veulent pas de vuide, & qui
pensent que tout est plein d'une
matiere impénétrable, le mobile
parcourant ces espaces dont la

densité seroit parfaite, perdroit nécessairement la moitié de sa vitesse avant que d'avoir parcouru beaucoup moins que trois de ses diamétres.

D'où M. Newton a conclu que l'Univers étoit nécessairement composé de deux sortes d'espaces, l'un immateriel & pénétrable, incapable d'impulsion de mouvement & de force, qu'il appelle *vuide*, & l'autre materiel & impénétrable. Que la quantité de matiere, qui étoit répanduë dans la vaste étenduë de l'Univers, étoit peu considerable; & que ses parties laissant entr'elles des intervales plus ou moins grands qui n'étoient remplis de *rien*, pour ainsi dire, formoient des corps plus ou moins *denses*, selon qu'ils contenoient plus ou moins de matiere dans leurs volumes: ce qu'il détermi-noit par la différence de leurs poids à volume égal.

Mais nous allons montrer dans les Propositions suivantes qu'il n'y a pas de nécessité de recourir au vuide dans cette occasion, & que notre Ether, quelque dense qu'il eût pû paroître à M. Newton, ne doit apporter aucune resistance sensible au mouvement horizontal d'un mobile pesant qui le traverse.

PROPOSITION VI.

L'insensible résistance de l'Ether ne peut procéder immédiatement, ni de la division des parties du milieu, ni de leurs mouvemens, quoique ces conditions y contribuent.

Car de dire, comme a fait Descartes, que l'Ether, quoique parfaitement dense, étant un milieu très-fluide dont les parties étoient en tous sens dans un très-grand mouvement, redonnoit

par

par derriere au mobile qui le tra-
verſoit le mouvement que le
mobile devoit perdre en le rencontrant en avant, eſt un expédient qui ne peut ſe ſoutenir,
& qui eſt contraire à l'expérience ; puiſqu'il devroit ſe trouver
dans toute ſorte de fluide. Et
que le mouvement horizontal
du mobile pouvant être dirigé
vers tous les points de l'horizon,
ſans que la réſiſtance du fluide
augmente tout ce qu'on peut
imaginer de plus favorable à l'i-
dée de Deſcartes, eſt qu'il y a
dans l'éther autant de parties
qui ſe meuvent en ſens contraire à celui du mobile, qu'il y en
a qui s'y meuvent de même ſens.

Mais cette ſuppoſition quelque favorable qu'elle ſoit à cette
opinion, l'eſt encore moins que
de concevoir en repos toutes les
parties du milieu ; puiſque celles
qui ſe mouvroient en ſens con-

traires à la direction du mobile, lui raviroient à chaque instant plus de mouvement que celles qui se mouvroient du même sens ne pourroient lui en procurer ; puisqu'il est évident que le mobile fuit le choc des parties du fluide qui vont de même sens que lui.

Il ne suffit donc pas que l'éther soit divisé en des parties très-fines, que ses parties n'aïent aucune liaison entr'elles, qu'elles soient en mouvement les unes à l'égard des autres : pour concevoir que ce milieu dont les parties sont impénétrables, & ne laissent entr'elles aucun vuide, ne doit apporter aucune résistance sensible au mobile pesant qui le traverse , quoique ces conditions soient nécessaires à cet effet ; par la raison que si le fluide étoit gelé il n'y auroit pas moïen que le mobile pût le traverser ; puisque la dureté ou la forte adhérence de ses parties les unes aux autres , qu'il auroit à vaincre, & qui ne se rencontre jamais dans l'éther , seroit seule une force insurmontable au mouvement direct du mobile. Donc &c. C. Q. F. D.

PROPOSITION VII.

Les pores qui peuvent se rencontrer dans les corps pesans , & par lesquels la matiere étherée peut entrer & sortir continuellement , ne fournissent pas un moien propre à expliquer l'insensible résistance dè l'Ether.

A l'égard de ceux qui prétendent répondre à la difficulté précédente en disant : que les corps sensibles étant percés d'une infinité de pores ou de petits canaux imperceptibles , l'éther y passe comme à travers un crible , fans apporter aucun obftacle à leurs mouvemens ; & que c'eft pour cette raifon qu'un mobile continuë fi long-tems à fe mouvoir à travers ce milieu, fans perdre fenfiblement de fa viteffe, parce qu'il ne falloit confiderer dans le mobile que fa matiere propre. Qu'il ne falloit confiderer dans une boule de plomb, par exemple , que le plomb qu'elle contenoit , fans avoir aucun égard à la matiere fubtile qui rempliffoit fes pores, laquelle allant & venant très-librement en tous fens , ne faifoit aucun obftacle au mouvement du mobile, dont les parties propres étoient fixes & bien liées entr'elles ; & qu'il continuëroit à fe mouvoir avec la même viteffe, fi les parties groffieres de l'air ou de l'eau, qui ne peuvent ainfi paffer librement à travers les pores du mobile, ne le ralentissoient par leur rencontre. Qu'il ne falloit aussi considerer dans l'air ou dans l'eau que la matiere propre de l'air ou de l'eau, & nullement la matiere étherée qui remplissoit les pores que les parties de l'air ou de l'eau laissoient entr'elles. Qu'ainsi y aïant beaucoup plus de plomb proprement dit dans une boule de plomb, qu'il n'y a d'eau proprement dite dans un pareil volume d'eau, & beaucoup plus d'eau proprement dite dans ce volume d'eau qu'il n'y a d'air proprement dit dans un pareil volume d'air ; cela faisoit que la boule de plomb continuoit beaucoup plus long-tems à se mouvoir dans l'air, sans perdre sensiblement de sa vitesse, qu'à se mouvoir dans l'eau ; & qu'elle continuëroit toujours à se mouvoir dans l'éther, sans rien perdre de sa vitesse.

Mais pour s'appercevoir du peu de solidité de cette réponse, suppofons pour un inftant que ce mobile criblé foit recouvert d'une fuperficie impénétrable à l'éther, & que dans cet état, l'éther ne pouvant plus paffer à travers fes pores, le mobile doive éprouver toute la réfiftance que l'on veut éviter par le moïen propofé ; à caufe du mouvement qu'il doit communiquer aux parties de ce milieu en les choquant par toute fa demi fuperficie, & en déplaçant un volume de ce milieu pareil au fien à chaque fois qu'il parcourt la longueur d'un de fes diamétres.

C'eft un principe généralement reçu en mécanique : qu'un corps traverfant un fluide perd à chaque inftant d'autant plus de fa force qu'il a plus de fuperficie, ou qu'il donne à chaque inftant plus de prife par fa fuperficie à un plus grand nombre de parties du fluide qu'il traverse.

Or il est évident qu'il n'y a pas de comparaison à faire entre la quantité de superficie que touche l'éther qui traverse à chaque instant les pores tortueux & innombrables de ce mobile en sens contraire à sa direction, & celle qui contient sa demi superficie sphérique.

Donc ce corps destitué de l'envelope que nous lui avons d'abord prétée, ne doit pas parcourir à beaucoup près tant d'espace, avant que de perdre la moitié de sa vitesse, que s'il en étoit recouvert.

On dira peut-être que les pores du mobile sont directs, & qu'ils laissent toujours un libre passage à l'éther. Mais quoique cette prétention soit tout-à-fait insoutenable, sur-tout à l'égard des corps opaques comme l'or ou le plomb ; puisqu'on ne rend raison de leur opacité que parce que leurs pores font interrompus ou indirects ; donnons à l'expédient que l'on propose ici toute la faveur possible.

Supposons d'abord que dans un canal plein de mercure il y ait un tuïau cilindrique très-mince, d'égale pesanteur spécifique que le mercure, couché le long de ce canal , & entouré de toute part de ce fluide : qu'il n'y ait qu'un certain courant du fluide suffisant pour remplir exactement le tuïau , & que ce courant se meuve le long du canal aussi vîte qu'un boulet de canon lorsqu'on le tire , & qu'il enfile le tuïau sans le détourner ni de côté ni d'autre ; Et je demande si ce tuïau très-mince pouvant nager librement dans le fluide , & étant exactement rempli par le courant , n'en sui-
vra

vra pas le mouvement ?

Il paroît qu'un corps en repos n'aïant point de force pour ré- sister au mouvement, rien ne peut empêcher que ce tuïau ne suive l'impétuosité du courant qui tend à l'entraîner, sur-tout s'il n'y a pas d'intervalle entre le vif-argent qui se meut, & la su- perficie du tuïau qu'il remplit exactement, & qu'au surplus il y ait quelques petites inégalités dans cette superficie interieure que l'on ne peut s'empêcher d'admettre dans les parties d'un métal dont les figures doivent être différentes de celle des au- tres métaux ; d'autant mieux que la masse du vif-argent qui coule le long du tuïau étant incompa- rablement plus grande que celle du tuïau, c'est un corps très- grand qui en choque un très- petit, & qu'il peut entraîner en

Hh

ne lui communiquant que très-peu de sa force.

Posons maintenant un nombre innombrable de pareils tuïaux l'un sur l'autre, les uns plus courts que les autres, & composons-en un globe, dont les pores soient toujours directement tournés vers le courant du fluide, qui est tout ce qu'on peut imaginer de plus favorable.

Il est clair que le courant du fluide choquant les bords des orifices de tous ces tuïaux dans lesquels il se distribuë en un nombre innombrable de petits courans, aura encore plus de facilité à mettre ce globe en mouvement qu'à mouvoir le tuïau précédent.

Supposons enfin que toute la masse du fluide est en repos, & que c'est maintenant le globe qui se meut horizontalement avec la même vitesse : n'est-il

pas évident que le même effet
s'enfuivra ? & que tous ces
tuïaux étant très-minces, &
tout le globe aïant peu de foli-
dité en comparaifon de la maffe
du fluide de pareille denfité, qui
entre & fort continuellement de
fes pores, qu'il remplit très-
exactement, avec une viteffe
contraire & au moins égale à
celle du mobile ; ce fluide lui
enlévera auffitôt toute fa viteffe?
Et ne feroit-ce pas renverfer
toutes les loix du mouvement,
que de prétendre que ce mobile
ne s'écartera pas incontinent,
quelque viteffe qu'on veüille lui
donner d'abord ? Et qu'il pourra
parcourir mille fois fon diamétre avant que d'avoir perdu la
moitié de fa viteffe?

Or il n'y a pas de comparaifon à faire entre la denfité de
l'éther qu'on fuppofe être une
matiere fans pores, & celle du

H h ij

vif-argent ; D'ailleurs les mouvemens particuliers des parties
de ce fluide très-denfe, quelques
prompts qu'on veuille les fuppofer, ne détruifent pas affuré-
ment le mouvement commun
de la maffe qui s'écoule directement le long de tous ces canaux,
avec la rapidité d'un boulet de
canon que l'on tire , comme les
mouvemens particuliers & en
tous fens des parties de l'eau
d'un torrent , qui renverfe tout
ce qu'il rencontre, ne détruifent
pas fon mouvement direct , &
commun à toutes fes parties.

Mais ne nous arrêtons pas à
ces confidérations , accordons
que l'éther qui durant le mouvement du mobile, paffe à travers fes pores, ne lui fait aucune réfiftance ; n'envifageons
pas l'immenfe étenduë de fuperficie qu'un corps poreux préfente au courant du fluide qu'il

traverse, & qui dans cette hi-
potese ne cesse de couler dans
cette forêt épaisse de canaux,
lorsque le mobile se meut horizontalement, nous avons encore un point à considerer qui est
bien d'une autre conséquence :

Puisqu'on veut que ce qui fait
qu'un mobile qui traverse l'é-
ther ne perd pas la moitié de sa
vitesse en parcourant trois de ses
diamétres, ne vient que de ce
qu'il est poreux ; & que l'on prétend qu'il en pourra parcourir
mille avant que de perdre la moitié de sa vitesse, si l'on suppose
qu'il est criblé de mille millions
de millions de trous ; C'est une
nécessité que l'on convienne que
si le mobile n'étoit pas poreux,
& qu'en parcourant trois de ses
diamétres il déplaçât nécessairement trois volumes du fluide
égal au sien, le mobile perdroit
la moitié de sa vitesse avant que

d'avoir parcouru trois de ses diamétres.

Suppofons donc d'abord que le mobile n'a aucun pore à travers lefquels l'éther puiffe paffer, & donnons lui enfuite des pores; en fuppofant pour cet effet que fes parties s'écartent les unes des autres, de telle forte que fon diamétre devienne triple, & qu'au lieu, par exemple, qu'il n'étoit que de quatre lignes, il foit maintenant d'un pouce.

Et l'on verra clairement quele mobile ne contenant pas moins de matiere propre qu'il n'en contenoit, il ne déplacera pas moins de parties du fluide qu'il n'en déplaçoit, avant que d'avoir été rarefié ; & qu'il ne parcourra par conféquent pas plus d'efpace, avant que de perdre la moitié de fa viteffe, qu'il n'en parcourroit lorfqu'il n'avoit point de pores.

Or cet espace est égal à trois
fois la longueur du diamétre
qu'il avoit d'abord ; c'est-à-dire,
à trois fois quatre lignes, ou à
un pouce, qui est la longueur
du diamétre qu'il a maintenant
qu'il est rarefié.

Donc le mobile poreux, sans
même avoir aucun égard aux in-
convéniens que ses pores pro-
duisent, perdra dans cet état la
moitié de sa vitesse, avant que
d'avoir parcouru un de ses diamétres : ou avant que d'avoir
parcouru l'espace d'un pouce,
ou de trois fois quatre lignes,
qui est maintenant la longueur
de son diamétre.

Et si on multiplie ses pores jusqu'à un tel point, que son diamétre devienne triple du précédent, ou long de trois pouces ;
le mobile perdant toujours la
moitié de sa vitesse avant que
d'avoir parcouru la longueur

d'un pouce, il perdra dans ce cas-ci cette même viteſſe avant que d'avoir parcouru le tiers de ſon diamétre; Et ainſi de ſuite.

C'eſt-à-dire, qu'au lieu que l'on prétendoit que le mobile devoit parcourir avant que d'avoir perdu la moitié de ſa viteſſe, un nombre de ſes diamétres d'autant plus grand qu'on lui attribuoit plus de pores; il arrive au contraire que par toutes les loix des mécaniques les plus ſimples & les mieux connuës, le mobile ne doit parcourir qu'une partie de ſon diamétre d'autant moindre qu'il aura plus de pores.

De ſorte que ſi, comme on le penſe avec beaucoup de fondement, la quantité de matiere propre que contient un globe d'or d'un certain diamétre, ne compoſeroit pas peut-être un globe dont le diamétre fût la 300ᵉ. partie du premier; ce

globe d'or pris dans son état ordinaire, quoique composé de la
matiere la plus dense que nous
connoissions, quelque facilité
que l'on donne à l'éther à s'é-
couler par ses pores, ne devroit
pas parcourir la centiéme partie de son diamétre, avant que
d'avoir perdu la moitié de sa vitesse ; au lieu que par l'expérience nous savons qu'il peut
parcourir, même dans l'air grossier, plus de mille fois son diamétre, avant que d'avoir perdu
cette même vitesse.

Il est donc évident que quand
bien même on supposeroit la
disposition la plus favorable dans
les pores d'un boulet de canon,
au mouvement qu'il acquiert
lorsqu'on le tire, pour y laisser
passer l'éther avec la plus grande facilité, (disposition néanmoins tout-à-fait chimerique ,
puisque le boulet ne laisse pas de

continuer long-tems fon mouvement direct , en tournant
promptement fur fon centre
(ce qui détruit à chaque inftant
toute la direction de fes pores à
l'égard du courant du fluïde) il
eft encore évident , dis-je , par
les raifons que nous venons de
détailler , que ce mobile ne peut
parcourir autant de fois fon diamétre qu'il le fait , fi pour expliquer ce phénomene dans le
fiftême du Plein , on n'a pas d'autre raifon à alléguer que de dire
que le fluide denfe qui eft dans
fes pores en fort & y rentre continuellement. Car ce moïen bien
loin d'être favorable au fiftême
Cartefien , & de répondre à la
difficulté de M. Newton , eft nui-
fible à ce fiftême , & fortifie les
raifonnemens de cet Auteur.
Donc , &c. C. Q. F. D.

PROPOSITION VIII.

Un corps pesant qui traversera horizontalement l'Ether, n'éprouvera aucune résistance en le traversant, par la seule raison que l'Ether ne pese point. Et le mobile ne perdra tout au plus à chaque fois qu'il parcourra un de ses diamétres, & qu'il déplacera un volume de ce milieu égal au sien, qu'une quantité infiniment petite de sa force & de sa vitesse.

Car quoiqu'il soit vrai, comme l'a démontré M. Newton : qu'un globe pesant, traversant horizontalement un fluide, dont un volume égal au mobile pése autant que le mobile, perdra la moitié de sa vitesse avant que d'avoir parcouru trois de ses diamétres (ce qui n'est pas bien surprenant, puisque dans ce mouvement le mobile déplace trois volumes du fluide égal au fien, & que l'on fait d'ailleurs que fi ce mobile rencontroit directe- ment dans un efpace non réfif- tant un volume gelé du même fluide égal au fien, le mobile perdroit par ce choc la moitié de fa viteffe), il ne paroît ce- pendant par aucun endroit que M. Newton ait pû démontrer que fi ce même mobile pefant fe mouvoit dans un fluide autant denfe qu'on voudra le fuppofer, mais dont la pefan- teur feroit infiniment petite ou nulle, le mobile traverfant ce fluide ne doive parcourir que trois de fes diamétres, avant que d'avoir perdu la moitié de fa viteffe.

Au contraire on conclut très- bien de fa démonftration, que moindre fera la pefanteur fpé- cifique du fluide par rapport à celle du mobile, plus grand fera

l'espace que le mobile parcourra avant que d'avoir perdu la
moitié de sa vitesse; de sorte que
si la pesanteur spécifique du
fluide, c'est à-dire, la pesanteur
d'un volume du fluide égal au
mobile, est comme infiniment
petite par rapport à celle du mobile, le mobile pourra parcourir en traversant le fluide horizontalement, un nombre comme infini de ses diamétres avant
que d'avoir perdu la moitié de
sa vitesse.

Il est vrai que M. Newton
confond toujours la densité avec
la pesanteur, mais il ne démontre nulle part qu'il faille néces-
fairement confondre ces deux
choses. Il déduit bien cette iden-
tité de ses suppositions, puisqu'il
veut qu'on lui accorde que les
corps font essentiellement pefans; Mais les Cartesiens n'ont
jamais admis les demandes de

M. Newton ; ils n'ont jamais
pensé ni pû penser que la matiere fluide & trèsfubtile qu'ils con-
çoivent être reſtée ou ſurvenuë
dant le récipient d'une machine
pneumatique, après qu'on en a
pompé l'air groſſier le plus exactement qu'il eſt poſſible, peſât
autant que du plomb ; Au contraire ils ont montré par l'expérience qu'elle n'avoit preſque
point de peſanteur, & n'ont pas
laiſſé de la regarder comme très-
denſe en ce ſens : qu'elle rem-
pliſſoit exactement tous les
moindres eſpaces de la capacité
du vaſe qui la contenoit.

Je veux bien que les corps pe-
ſans qui nous environnent aïent
un même degré de peſanteur ;
c'eſt-à dire, qu'ils tendent tous
à parcourir en commençant à
tomber du point de leur repos
15 pieds en une ſeconde de
tems ; Que l'éponge & même le

moindre brin de duvet tombant du haut d'un long récipient d'une machine pneumatique dont on a pompé l'air grossier, se précipite de haut en bas avec autant de vitesse qu'une boule d'or ou de plomb.; Et cela doit bien être ainsi, puisque tous ces corps sont à une égale distance du centre de la Terre, où la force centrifuge qui produit la pesanteur, & à laquelle la pesanteur doit toujours être égale, y est par tout la même. Mais cela ne conclut rien à l'égard de l'Ether qui produit par tout la pesanteur par son élasticité, & qui ne pése par conséquent nulle part, quoiqu'il soit parfaitement dense, au sens que ses parties ne laissent entr'elles aucun intervale.

J'avouë donc que les conséquences que M. Newton tire de sa démonstration contre le sistême du Plein, sont concluantes

pour ceux qui admettent fes
fuppofitions ou demandes; Mais
pour les Cartefiens qui ne les ont
jamais admifes, ou qui n'ont jamais fuppofé que l'Ether dût
être pefant, parce qu'il étoit
denfe au fens que nous venons
de le dire, ces conféquences ne
peuvent rien contre leur fiftême.

Il eft vrai que du tems de M.
Newton les Cartefiens n'avoient
pas bien déduit de l'impénétrabilité de la matiere, & de fon
mouvement local, la pefanteur
des corps fenfibles. Mais maintenant que nous avons vû (Pr.15.4)
que cette proprieté de certains
corps étoit une fuite néceffaire
du mouvement circulaire, les
chofes doivent changer de face.

Car nous pouvons à prefent,
fans faire aucune fuppofition
nouvelle, diftinguer dans l'Univers de deux genres de matiere,
l'une qui *pefe*, parce qu'étant
contenuë

contenuë dans un grand tourbillon composé de petits tourbillons, ses parties ne sont pas en
petits tourbillons; & l'autre qui
ne pése pas, parce que ses parties
sont en petits tourbillons; quoique ces deux matieres puissent
être également étenduës, impénétrables, divisibles, capables
d'impulsion de mouvement & de
force.

Or la pesanteur étant une es-
pece de force mouvante, & la
force mouvante d'un corps, pouvant autant diminuer par la diminution de sa vitesse, sa masse
demeurant la même que par la
diminution de sa masse; sa vitesse demeurant la même, il est
évident qu'il en doit être de même de la pesanteur d'un corps.
Elle peut autant diminuer, comme nous l'avons remarqué (Pr.
9. 4) par la diminution de la
vitesse avec laquelle le mobile

commence à tomber, sa masse demeurant la même, qu'elle diminuë par la diminution de sa masse, la vitesse avec laquelle il commence à tomber demeurant la même. Et l'égalité de cette vitesse acceleratrice dans les corps qui nous environnent, & qui ne vient que de ce qu'ils sont à une égale distance de la Terre, ne peut rien certainement contre ce principe, qui est général, & qui s'applique à tous les corps pesans, à quelle distance qu'ils soient du centre.

Donc si, sans rien diminuer de la masse du corps *A*, que nous supposons d'abord peser à l'ordinaire, nous supposons ensuite que sa pesanteur devienne telle qu'au lieu de parcourir en tombant du point de repos, 15 pieds en une seconde de tems, il ne puisse parcourir 15 pieds qu'en 2 sec. 3 sec. 4 sec. 5 sec. &c. ou

(Pr. 9. 4) que la pesanteur ne soit que $\frac{1}{4}$. $\frac{1}{9}$. $\frac{1}{16}$. $\frac{1}{25}$. &c, de celle des corps graves ; (ce qui lui arriveroit selon M. Newton *pag.* 364 s'il étoit porté à une distance double, triple, quadruple, &c. de celle où il est du centre de la Terre) il ne faudroit pour procurer à ce mobile la même vitesse horizontale V, que $\frac{1}{4}$. $\frac{1}{9}$. $\frac{1}{16}$. $\frac{1}{25}$. &c. de la force F, qu'il lui faut ici.

D'où il suit que si la pesanteur du mobile A, est infiniment petite, ou telle qu'il ne puisse parcourir en tombant du point de repos, 15 pieds qu'en une infinité de secondes de tems ; la force f qu'il faudra emploïer pour lui procurer la vitesse horizontale V, sera infiniment petite à l'égard de la force F, qu'il faudra emploïer pour le mouvoir horizontalement avec la même vitesse V, lorsque sa pe-
Ii ij

santeur est égale à celle des corps graves, ou qu'il parcourt en tombant de son point de repos, 15 pieds en une seconde de tems.

Donc si un corps *A*, pesant à l'ordinaire, choque directement & horizontalement un corps *B*, dont la quantité de matiere qu'il contient est égale à celle de *A*, & qui ne pese qu'infiniment peu; le corps *A* ne perdra par le choc qu'une quantité infiniment petite de sa force & de sa vitesse; laquelle force néanmoins procurera au corps *B* la même vitesse qui sera demeurée au corps *A*. Car on vient de voir que cette quantité infiniment petite de la force du corps grave *A* suffit au corps *B*, qui ne pese qu'infiniment peu, pour lui procurer cette vitesse.

Donc un corps grave *A*, se mouvant horizontalement dans un fluide qui ne pése qu'infini-

ment peu, tel que peut être l'E-
ther ou la matiere subtile, renfermée dans le récipient d'une
machine pneumatique dont on
a pompé l'air grossier, ne perdra
tout au plus à chaque fois qu'il
parcourra un de ses diamétres,
qu'une quantité infiniment petite de sa force & de sa vitesse;
Puisqu'il ne doit pas tant perdre
de sa force en parcourant dans
ce fluide un de ses diamétres,
ou en déplaçant un volume de
ce fluide qui ne pése qu'infiniment peu égal au sien, que s'il
choquoit directement dans un
espace non résistant, ce même
volume du fluide gelé; lequel
comme nous venons de le voir,
ne lui feroit perdre qu'une quantité infiniment petite de sa force
& de sa vitesse.

Donc l'éther qui ne pése point,
quoiqu'il soit composé d'une
matiere impénétrable, & sans

aucun pore , ne doit apporter
aucune réſiſtance ſenſible au
mouvement d'un mobile peſant
qui le traverſe horizontalement.
Donc , &c· C. Q. F. D.

R E M A R Q U E.

On dira peut - être que le
principe que nous avons établi
dans la Propoſition précédente
eſt contraire à celui que nous
avons déja établi (Pr. 3. 1) &
qui eſt reçu de tout le monde :
que la force d'un corps eſt le produit
de ſa maſſe par ſa viteſſe. Car
comment ne pas conclure de ce
principe : qu'il faudra autant de
force pour mouvoir ou déplacer
un volume d'éther, que pour
mouvoir ou déplacer un pareil
volume d'eau ou de vif argent ,
que l'on ſuppoſeroit ſans pores ;
puiſque ces mobiles ont par la
ſuppoſition une égale maſſe?

Mais je répons que le princi-

...pe établi (Pr. 3. 1) : que les forces des mobiles sont entr'elles comme les produits de leurs vitesses par leurs masses F, f :: MV. mu. n'a lieu qu'à l'égard des mobiles homogenes , ou dans lesquels il n'y a aucune difference pour tout le reste. Mais qu'ici où les forces des corps pesans A. B. sont compliquées , puisqu'elles doivent être d'autant plus grandes que leurs pesanteurs sont plus grandes ; la régle est : *que les forces des corps pesans sont entr'elles comme les produits de leurs pesanteurs, ou vitesses acceleratrices* R. r. *de leurs masses* M. m. *& de leurs vitesses horizontales* V. u. Ainsi dans ce cas F. f :: RMV. rmu.

Ce qui n'empêche pas que dans le cas que les pesanteurs, ou les vitesses acceleratrices R. r. sont égales ; & qui est le cas de tous les corps graves qui nous

environnent ; lefquels étant à
égale diftance de la Terre, foit
qu'ils foient grands ou petits,
parcourent en commençant à
tomber de leurs points de repos
15 pieds en une feconde de tems,
cette loi ne fe réduife à la premiere.

Car dans ce cas on a $F. f ::$
$RMV. Rmu$ Or $RMV. Rmu ::$
$MV mu.$ Donc dans ce cas les
mobiles pefans fuivront la loi
expliquée (Pr. 3. 1).

Mais dans le cas que les maffes
& les viteffes des mobiles font
égales, & qu'ils ne different que
par leurs pefanteurs, qui naiffent
de la différence de leurs viteffes
acceleratr. $R. r.$ & où l'on a $F. f ::$
$RMV. rMV.$ & partant $F. f :: R. r.$
il feroit abfurde de ne pas con-
venir qu'ils doivent fuivre la loi
que nous établiffons ici ; Ou de
prétendre par exemple, qu'il ne
faut pas plus de force pour mou-

voir

voir horizontalement ici bas avec une certaine vitesse un corps pesant 4 livres, à cause qu'en tombant de son point de repos il parcourroit 15 pieds en une seconde de tems ; que pour mouvoir horizontalement avec la même vitesse le même corps transporté à une distance double du centre de la Terre, où il ne parcourroit en tombant de son point de repos 15 pieds qu'en 2 secondes, & ou par conséquent, comme l'a établi M. Newton *pag.* 364. il ne pésera qu'une livre. Car il est impossible qu'il ne faille pas 4 fois plus de force pour mouvoir horizontalement un poids de 4 livres avec une certaine vitesse, que pour mouvoir horizontalement un poids d'une livre avec la même vitesse. Et le sistême du Plein est bien en sureté, si on ne

prétend le renverser qu'en niant
ce principe.

PROPOSITION IX.

*La denſité d'un fluide peſant, tel
que l'air, l'eau, le vif argent,
ne vient pas de ce qu'il a plus
ou moins de matiere quelconque
contenuë dans un certain volume
de ce fluide, mais de ce que ce
volume contient plus ou moins de
parties de la matiere peſante, qui
eſt propre à ce fluide.*

Un fluide, dit M. Newton,
réſiſte d'autant plus au mobile
qui le traverse horizontalement,
que la denſité du fluide eſt plus
grande : Le vif argent réſiſte 13
ou 14 fois plus que l'eau, &
l'eau 8 ou 9 cent fois plus que
l'air, parce que le vif argent
eſt 13 ou 14 fois plus denſe que
l'eau, & l'eau 8 ou 9 cent fois

plus denfe que l'air. Et de-là,
continuë M. Newton, ne s'en-
fuit-il pas clairement que fi l'E-
ther eft encore plus denfe que le
vif argent, ainfi que les Cartefiens le fuppofent; puifqu'ils veulent que ce fluide foit fans pores, & impénétrable comme l'or,
le plomb, le vif-argent; l'éther
doive apporter une plus grande
réfiftance au mouvement horizontal du mobile, que le vif-
argent? Ce qui eft contre l'expérience. Et fi, ajoûte-t'il, les
efpaces dans lefquels les Aftres
fe meuvent, ne font aucune réfiftance fenfible aux mouvemens
de ces grands corps, ces efpaces
peuvent - ils être autre chofe
qu'un vuide parfait deftitué de
toute matiere?

Je répons que, quoiqu'on
puiffe attribuer à l'Ether, que
l'on conçoit comme un efpace
exactement rempli d'une ma-

tiere impénétrable, dont toutes
les moindres parties font en tourbillon, & qui eft comme la baze
des corps fenfibles & de tous les
fluides fur lefquels nous pouvons
entreprendre de faire des experiences, puiffe être appellé *denfe*;
cette denfité quelque parfaite
qu'elle foit, n'a rien de commun
avec ce qu'on nomme la *denfité*
de ces corps & de ces fluides,
laquelle procede d'un principe
tout different.

Car un corps dur comme l'or,
la cire, l'éponge, &c. & un
fluide comme le vif argent, l'eau,
l'air, n'eft denfe que parce que
l'Ether qui en eft la baze, & qui
occupe la plus grande partie du
volume de ces corps, eft chargé
de parties pefantes. Et l'or ou le
vif argent, ne font plus denfes
que la cire ou que l'eau, & la
cire ou l'eau ne font plus denfes que l'éponge ou que l'air &c.
que parce que l'Ether, dans l'or

ou le vif argent, est chargé d'une quantité beaucoup plus grande de matiere pesante, qu'il n'en est chargé dans la cire ou dans l'eau ; & dans ces corps-ci que dans l'éponge ou dans l'air.

Or comme l'Ether ne résiste pas au mouvement d'un mobile qui le traverse horizontalement, & qu'il n'y a que les parties pesantes qu'il contient qui résistent à ce mouvement, que d'ailleurs on mesure la densité des corps par les poids de ces corps à volume égal, il est évident qu'on ne peut dire que l'or ou le vif argent sont 13 ou 14 fois plus denses que la cire ou que l'eau, que parce qu'à volume égal l'or ou le vif argent contiennent 13 ou 14 fois plus de matiere pesante que l'eau : & que l'eau n'est 8 ou 900 fois plus dense que l'air, que parce qu'elle en contient 8 ou 900 fois plus que l'air.

Kk iij

D'où il fuit qu'on ne pourra pas dire que l'éther, qui ne péfe pas par lui-même, foit denfe de la façon que ces corps font denfes, fi l'éther ne contient aucune quantité de matiere pefante, quoique fes parties ne laiffent entr'elles aucun efpace vuide, & qu'elles foient réellement étenduës, impénétrables, & dans un très-grand mouvement.

De forte que toute la queftion ne roule que fur une équivoque du mot *denfe* que l'on prend ici en divers fens. Ainfi l'éther eft denfe, comme tous les autres corps, au fens que fes parties ne laiffent aucun intervale entr'elles ; mais cette denfité dans le fiftême du Plein n'eft pas fufceptible du plus ou du moins. Et l'éther n'eft pas denfe au fens dont on dit qu'eft denfe le vif argent, l'eau, l'air, &c. Car on ne juge de cette denfité, qui est susceptible du plus & du moins, que par le poids de ces fluides à volume égal; & les poids de ces fluides ne different entre eux que parce que l'Ether, qui occupe la plus grande partie de leur volume, est chargé de plus ou de moins de parties pesantes; lesquelles ne sont pas moins denses en elles-mêmes, que l'Ether de cette densité qui est propre à l'éther; avec cette difference que les premieres pésent & laissent entr'elles des intervales, & que les autres ne pésent pas, & remplissent très-exactement tous ces intervales.

Or il suit clairement de-là qu'un mobile pesant traversant horizontalement le vif argent: & les parties de l'éther, que ce mobile contient, ne faisant aucune résistance à son mouvement, le mobile ne doit se ressentir que de la résistance que lui font les parties propres du vif argent ; lesquelles font pefantes, & en une quantité 1 3 ou 14 fois plus grande que dans l'eau : & dans l'eau, en une quantité 8 ou 9 cent fois plus grande que dans l'air. C'eft pourquoi le mobile doit éprouver une réfiftance 1 3 ou 1 4 fois plus grande dans le vif argent que dans l'eau : & 8 à 9 cent fois plus grande dans l'eau que dans l'air. Donc, &c. C. Q. F. D.

REMARQUE.

Il ne fuffit donc pas que l'éther foit divifé en des parties très-fines, que ces parties n'aïent aucune liaifon entr'elles, qu'elles foient en mouvement les unes à l'égard des autres, &c. pour comprendre que ce milieu impénétrable , & dont les parties fe touchent toutes , de telle forte qu'elles ne laiffent aucun intervale, ne doive apporter aucune résistance sensible au mobile pesant qui le traverse, quoique ces conditions y soient nécessaires ; puisque si ce fluide étoit gelé il n'y auroit pas moïen que le mobile pût le traverser ; car la dureté qu'il auroit alors à vaincre, & qui ne se rencontre pas dans l'éther, seroit seule une force insurmontable au mouvement du mobile.

Mais l'infensible résistance de l'éther vient principalement de ce qu'il n'est pas pesant ; ce qui fait, comme nous l'avons demontré dans cette Leçon, que le mobile pesant peut, malgré la densité parfaite de l'Ether, parcourir dans ce fluide une infinité de ses diamétres avant que d'avoir perdu la moindre quantité finie de sa vitesse. Et ce qui fait que l'Ether n'est pas pesant, procede de ce que ses moindres parties étant en petits tourbillons, sont élastiques, & tournent autour d'un centre commun.

Ainsi quoique M. Newton ait très-bien démontré & bien prouvé par l'expérience, que la résistance du milieu, que les Cartésiens nomment Ether, est insensible ; il n'a cependant eu aucun droit d'en conclure contre les Cartésiens, que ce milieu qui ne fait point de résistance aux mobiles pesans qui le traversent, n'est pas corps, n'est pas matiere ; & que ses parties sont absolument incapables d'impulsion de mouvement & de force. Car quoique les corps qui nous environnent puissent n'avoir tous, à cause qu'ils sont tous sensiblement à une égale distance de la Terre, qu'un même degré de pesanteur, & tel qu'en tombant ils parcourent 1 5 pieds

en une seconde de tems; ce n'est
pas à dire pour cela qu'un corps
qui ne parcouroit le même espace de 15 pieds qu'en 2 sec. 3
sec. 4 sec. &c. & même en une
infinité de secondes, cessât pour
cela d'être corps; ni que par
conséquent il ne puisse y avoir
dans la nature un milieu très
dense & très fluide qui ne pése
point, & qui soit la cause de la
pesanteur des autres corps. Et
que quoique ce milieu soit dense d'une certaine façon, parce
que ses parties ne laissent aucun
intervale entr'elles, il ne soit pas
dense de la façon que M. Newton entend que l'air, l'eau, le
vif argent est dense. Car on convient que si l'éther pesoit autant
que du vif argent quelques sub-
tiles que fussent ses parties, quelque facilité qu'elles eussent à pé-
nétrer les pores d'un globe d'or,
par exemple, il ne seroit pas sur-

prenant que ce globe perdît la moitié de sa viteſſe avant que d'avoir parcouru en traverſant ce fluide 3 ou 4 de ſes diamétres.

Le vif argent eſt 13 ou 14 fois plus denſe que l'eau, parce qu'il contient 13 ou 14 fois plus de matiere peſante que l'eau; ainſi il doit réſiſter 13 ou 14 fois plus que l'eau au mouvement horizontal d'un mobile qui le traverſe. L'eau eſt 8 ou 9 cent fois plus denſe que l'air, parce qu'elle contient 8 ou 9 cent fois plus de matiere peſante que l'air; ainſi l'eau doit réſiſter 8 ou 9 cent fois plus que l'air au mouvement d'un mobile qui le traverſe horizontalement.

Mais l'Ether, qui ne péſe point ou que fort peu, parce qu'il ne contient point, ou que très-peu de parties peſantes, quoiqu'il ſoit denſe au ſens qu'il remplit exactement tout l'eſpace qu'il

occupe, il n'a point ou que très-
peu de cette densité qu'on éprouve dans le vif argent, dans l'eau,
dans l'air, &c. & que l'on mesure
par le poids de ces fluides à volume égal. Et la raison pour laquelle un globe pesant qui traverse l'éther ne perd pas la moindre partie finie de sa vitesse,
quelque grand que soit le nombre des diamétres qu'il parcoure,
ne vient pas nécessairement de
ce que ce milieu est destitué de
toute matiere, qu'il n'est capable ni d'impulsion ni de mouvement, ni de force ; mais uniquement de ce que ce milieu
fluide n'est pas pesant.

PROPOSITION X.

*Quoique l'Ether ne soit pas pesant,
l'Ether est neanmoins un espace
dont la réalité est constatée par
l'experience.*

Mais, dira-t'on peut-être, si

l'Ether n'eſt pas peſant, eſt - il
quelque choſe de réel ? Tous les
corps ſur leſquels nous pouvons
faire des expériences péſent ; &
en Phiſique on ne doit s'appuïer
que ſur l'expérience. On ne
doit donc regarder les eſpaces
celeſtes & ceux qu'on conçoit
entre les parties des corps ſenſibles que comme un pur néant,
un vuide, un eſpace deſtitué de
toute matiere, incapable d'impulſion de mouvement & de force.

Mais n'y a-t'il pas d'autres in-
dices que celui de la peſanteur,
par leſquels on puiſſe conſtater
même par l'expérience la réalité
d'un milieu ? La flamme par
exemple eſt un milieu ſur lequel on fait chaque jour mille
expériences ; or il n'y a peut-
être aucun milieu ſenſible qui
ſoit moins peſant, ou qui réſiſte moins que la flamme au
mouvement horizontal d'un

boulet de canon que l'on tire à travers ce milieu. Dira-t'on pour cela que la flamme n'est rien, ou presque rien ? elle dont la moindre étincelle peut en un instant réduire toute une forêt en cendres sans épuiser sa force. Ne contient-elle dans l'espace qu'elle occupe qu'une quantité comme infiniment petite de matiere proportionnée à son peu de résistance au mobile qui la traverse ? Il n'y a cependant point ou presque point de force là où il n'y a point ou presque point de matiere ; Au contraire la matiere étant le sujet du mouvement la flamme doit contenir une quantité de matiere prodigieuse sous un volume égal à celui du corps sensible qui est l'objet de son action ; puisque la flamme exerce sur ce corps une si grande force, & qu'elle la communique avec tant d'abondance & si promptement aux parties des corps qui nous paroissent les plus solides & qui ont le plus de pesanteur.

Il ne s'agit pas ici d'une force d'attraction ; au contraire la flamme désunit & écarte bien-loin & très - promptement les parties des corps exposés à son action. Il s'agit ici d'une véritable force d'impulsion par laquelle la flamme communique un très-grand mouvement aux parties de ces corps que nous jugeons les plus denses & les moins disposés à le recevoir ; Et son action bien loin de diminuer en communiquant cette force aux parties de ces corps , augmente au contraire de plus en plus ; ce qui prouve bien que cette force qui ne peut tirer son origine du néant , est présente à cet effet , & qu'étant renfermée dans des petits tourbillons avant

que

que de le produire, se déploie à l'instant qu'on lui donne occasion de le faire.

La flamme ne résiste presque pas au mouvement horizontal d'un boulet de canon que l'on tire, parce qu'elle ne contient dans son volume que très - peu de matiere pesante : mais elle est capable de séparer promptement les unes des autres toutes les parties de ce boulet de plomb & de le fondre, à quoi il s'en faudroit bien que la force qui le meut pût suffire. Que dis-je, c'est la flamme, ou plutôt l'éther qui la pénétre, qui peut seul communiquer cette force au boulet par l'entremise de quelques grains de poudre qu'elle commence à agiter au fond du canon. Un volume de poudre dont la pesanteur n'est pas comparable à celle du boulet agité par cet agent dont la pesanteur est comme nulle, pousse ce corpspesant avec une vitesse incroïable. Comment après cela peut-on penser qu'il n'y a que les corps qui pésent qui soient réels ou capables d'impulsion de mouvement & de force ? Et que parce que l'Ether ne pése pas, l'Ether n'est rien du tout ? On doit au contraire en conclurre que quoique l'Ether ne pése pas, il ne laisse pas néanmoins d'être un milieu très-réel. C. Q. F. D.

PROPOSITION XI.

Quoique l'Ether ne pése pas, & ne fasse aucune résistance sensible aux corps pesans qui le traversent, ce milieu ne laisse pas de pouvoir procurer à ces corps tout le mouvement que nous y éprouvions.

Mais, dira-t'on, peut-être

encore , si les parties de l'Ether
ne pésent pas , & qu'il faille si
peu de force pour les mouvoir,
comment pourront - elles fournir un si grand mouvement à un
corps aussi pesant qu'un globe
de plomb?

Je répons, que les plus grands
mouvemens qui s'excitent dans
les corps qui nous avoisinent, ne
commencent jamais que par des
infinimens petits , qui étant réïterés une infinité fois de durant
un tems fini, quelque court qu'il
puisse être , deviennent finis au
bout de ce tems.

Un corps pesant qui en tombant acquiert à la fin d'une seconde , par exemple , la force
capable de parcourir uniformément 30 pieds en un tems pareil , n'acquiert cette force finie
que par une force capable de
ne lui faire parcourir durant ce

même tems, si elle n'étoit pas réïterée une infinité de fois, qu'un espace infiniment petit, comme on l'a vû (Pr. 1. 3). La même vitesse arrive dans le choc des corps à ressort, comme nous le verrons dans la suite, &c.

Par où l'on peut voir clairement que l'Ether qui, quoique sans pesanteur est néanmoins le principe de la pesanteur & du ressort, pourra produire sur les corps sensibles ces mouvemens infiniment petits, lesquels étant réïterés une infinité de fois durant le moindre tems fini, feront capables de leur procurer les plus grandes vitesses. Donc, &c. C. Q. F. D.

REMARQUE.

Nous avons donc enfin tout lieu de conserver à ces espaces immenses dans lesquels les As-

tres se meuvent , & qui occupent les pores des corps sensibles l'impénétrabilité qui leur
convient , sans que ni la raison
ni l'experience s'y opposent ; &
de penser encore avec Descartes,
& les anciens Philosophes , qui
l'ont précedé : que ce milieu si
vaste est capable d'impulsion de
mouvement & de force , comme le font tous les objets qui
frappent plus fortement nos
sens ; D'autant mieux que, par
l'insensible résistance que nous
avons démontré que ce milieu
doit apporter au mouvement des
corps pesans qui le traversent ,
nous profitons sans aucun in-
convenient de tous les avantages du sistême du Vuide , sans
rien perdre des avantages du sistême du Plein ; Et nous réu-
nissons par là deux idées qui
avoient paru jusqu'à ce jour

abſolument incompatibles.

Par ce moïen la plûpart des recherches de M. Newton & des découvertes qu'il a faites en ſuivant le ſiſtême du Vuide, n'auront plus rien qui puiſſe paroître dur , à ceux même qui ſont le plus attachés aux idées Carteſiennes ; car rien ne leur ſera plus facile que de ramener ces précieuſes découvertes au ſiſtême du Plein ; les calculs en feront tous faits, & il n'y aura plus qu'à leur donner une certaine tournure pour en profiter avantageuſement..

En effet M. Newton n'a réellement démontré autre choſe au ſujet du Vuide par ſes raiſonnemens & par toutes ſes expériences , ſinon que les eſpaces celeſtes & les intervales que laiſſent entr'elles les parties des corps ſenſibles , n'apportoient

aucune résistance sensible au
mouvement d'un corps pesant ;
ce qui est très-veritable & qu'il
a très bien prouvé ; mais ce qui
est aussi rendu commun par notre démonstration à l'un & à l'autre sistême. Ce milieu, si on le
veut pourra être appellé *Vuide*,
selon l'idée de M. Newton, parce qu'il ne fera point de résistance au mouvement d'un corps
pesant qui le traverse. Mais chez
les Cartesiens ce vuide ne sera
précisément qu'un *Vuide relatif* ;
c'est-à-dire qu'un corps pesant le
traversera sans éprouver aucune
résistance. Et rien ne les empêchera de penser encore que cet
espace est étendu, impénétrable, divisible, capable d'impulsion, de mouvement & de force,
comme tout le reste de la matiere ; & qu'il contient en soi
toute la force de l'Univers,

comme nous l'avons déja vû, & que nous le verrons encore plus fenfiblement dans les Leçons fuivantes.

Fin de la cinquiéme Leçon.

EXTRAIT DES REGISTRES *de l'Académie des Sciences.*

Du 16. Janvier 1734.

MEffieurs de Mairan & Godin, qni avoient été nommés pour examiner les premieres Leçons de Phifique expliquées au Collcge Roïale par M. l'Abbé de Molieres, dont il veut donner un Recuëil, en aïant fait leur rapport : la Compagnie a jugé qu'elles méritoient d'être imprimées. En foi de quoi j'aifigné le préfent Certificat : A Paris ce 23. Janvier 1734.

FONTENELLE.
Sec. Perp. de l'Ac. Roy. des Sciences.

❖❖❖❖❖❖❖❖❖❖❖❖❖❖❖❖❖❖❖❖❖❖❖❖❖❖

PRIVILEGE DU ROY.

LOUIS par la grace de Dieu Roi de France & de Navarre : A nos amés & feaux Confeillers les gens tenant nos Cours de Parlement, Maîtres des Requêtes ordinaires de notre Hôtel, Grand Con-

feil , Prevôt de Paris, Baillifs , Sénéchaux , leurs Lieu-
tenans Civils , & autres nos Justiciers qu'il appartien-
dra , Salut.

Notre Académie Roïale des Sciences nous a très-
humblement fait exposer , que depuis qu'il nous a
plû lui donner par un Reglement nouveau de nouvelles marques de notre affection , elle s'est appliquée avec plus de soin à cultiver les Sciences qui
font l'objet de ses exercices ; en sorte qu'outre les
Ouvrages qu'elle a déja donnés au Public , elle
seroit en état d'en produire encore d'autres , s'il
nous plaisoit lui accorder de nouvelles Lettres de
Privilege , attendu que celles que Nous lui avons
accordées en datte du sixiéme Avril 1699. n'aïant
point eu de tems limité , ont été déclarées nulles
par un Arrêt de notre Conseil d'Etat du treiziéme
Août 1713. celles de 1704. & celles de 1717. étant
aussi expirées. Et desirant donner à notredite Académie en Corps & en particulier , & a chacun de
ceux qui la composent , toutes les facilités & les
moïens qui peuvent contribuer à rendre leurs travaux
utiles au Public : Nous avons permis & permet-
tons par ces Présentes à notredite Académie de faire
imprimer , vendre ou débiter dans tous les lieux de
notre obéïssance , par tel Imprimeur ou Libraire
qù'elle voudra choisir , en telle forme , marge , ca-
ractere , & autant de fois que bon leur semblera ,
toutes les recherches ou Observations journalieres , &
Relations annuelles de tout ce qui aura été fait dans
notre Académie Roïale des Sciences ; comme aussi
les Ouvrages , Memoires ou Traités de chacun des
Particuliers qui la composent , & généralement tout
ce que notredite Académie jugera à propos de faire
paroître , après avoir fait examiner lesdits Ouvrages ,
& jugé qu'ils font dignes de l'impression. Et cependant le tems & espace de six années consécutives ,
à compter du jour de la datte desd. Présentes. Faisons
deffenses à toutes sortes de personnes de quelque qualité & condition qu'elles soient d'en introduire d'impression étrangere dans aucun lieu de notre obéïssance,
comme aussi à tous Imprimeurs , Libraires & autres ,
d'imprimer , faire imprimer , vendre , faire vendre ,
débiter , ni contrefaire lesd. Ouvrages ci-dessus spéci-
fiés , en tout ni en partie , ni d'en faire aucuns ex-

M m

traits, fous quelque prétexte que ce foit d'augmentation
ou correction, changement de titre même en feuillets
féparés , ou autrement fans la permiffion expreffe &
par écrit de notre Académie , ou de ceux qui auront
droit d'elle , ou fes aïans caufe ; à peine de confifca-
tion des exemplaires contrefaits , de dix mille livres
d'amende contre chacun des contrevenans , dont un
tiers à Nous , un tiers à l'Hôtel - Dieu de Paris ,
l'autre tiers au dénonciateur , & de tous dépens
dommages & interêts ; à la charge que ces prefentes
feront enregiftrées tout au long fur le Regiftre de la
Communauté des Imprimeurs & Libraires de Paris
dans trois mois de la datte d'icelles ; que l'impreffion defdits Ouvrages fera faite dans notre Roïaume
& non ailleurs , & que notredite Académie fe con-
formera en tout aux Réglemens de la Librairie & no-
tamment à celui du 10. Avril 1723. & qu'avant que
de les expofer en vente les Manufcrits ou Imprimés qui
auront fervi de copie à l'impreffion defd. Ouvrages feront remis dans le même état avec les approbations &
certificats ès mains de notre très-cher & féal Chevalier
Garde des Sceaux de France le fieur Chauvelin , & qu'il
en fera enfuite remis deux exemplaires de chacun dans
notre Bibliothéque publique , un dans celle de notre
Château du Louvre , & un dans celle de notre très-
cher & féal Chevalier Garde des Sceaux de France le
fieur Chauvelin; le tout à peine de nullité des Préfentes:
du contenu defquelles Nous mandons & enjoignons de
faire jouir notred. Académie , ou ceux qui auront droit
d'elle ou fes aïans caufes , pleinement & paifiblement
fans fouffrir qu'il leur foit fait aucun trouble ou empê-
chement. Voulons que la copie defd. Préfentes qui fera
imprimée tout au long au commencement ou à la fin
defd. Ouvrages foit tenuë pour duement fignifiée , &
qu'aux copies collationnées , par l'un de nos amés &
féaux Confeillers & Secretaires foi foit ajoûtée comme à l'original. Commandons au premier notre Huif-
fier Sergent de faire pour l'exécution d'icelles , tous
actes requis & néceffaires. Car tel eft notre plaifir.

Donné à Paris le 21. jour de Janvier l'an de grace
mil fept cens trente-quatre & de notre regne le dix-
neuviéme. Par le Roi en fon Confeil.

SAINSON.

Contrôlé.

TABLE

DES TITRES ET
Propositions contenuës dans
ce Volume.

REMARQUES GENERALES,

LEÇON PREMIERE.

*Des Loix générales du mouvement uniforme
& direct.*

Somme des forces qu'ils avoient avant le choc , lorfque leurs directions feront de même fens : ou avec la Difference de ces mêmes forces , lorfque leurs directions feront en fens contraire.   55

Prop. XIV. Si un Globe *A* (*fig.* 15) fe mouvant uniformément dans une ligne droite PB , perpendiculaire à un plan inébranlable *MM* , rencontre ce plan en un point *N* ; le mobile *A* demeurera en repos au point *N* , & ne tendra ni à s'en retourner au point *B* , ni à s'éloigner du plan *MM* de quelque côté que ce foit.   60

Prop. XV. Si un Globe fe mouvant uniformément rencontre un Plan inébranlable dans une direction oblique au Plan. Sa force ou fa viteffe avant le choc étant reprefentée ou exprimée par le finus total ; 1° La force avec laquelle il frapera le plan fera reprefentée par le finus de l'angle d'incidence. 2°. La force ou la viteffe qui lui demeurera après le choc par le finus de l'angle de complement. 3°. La force ou la viteffe qu'il perdra , par le fi-

nus verſe : Et ces forces auront ces
Sinus pour direction & feront entr'-
elles comme ces ſinus.   64

LECON II.

Du Mouvem. en ligne courbe, & du Tourbillon.

PROPOSITION I.

Prop. IV. Si le plan d'un cercle eft
rempli de très-petits globules égaux
qui y circulent chacun avec une
égale viteffe ; ces globules tendront
à s'éloigner du centre commun de
leurs mouvemens avec des forces
centrifuges, qui feront entr'elles
en raifon inverfe de leurs diftances
au centre. Et fi on n'a aucun égard
aux frottemens, les globules continuëront à y circuler avec la même
viteffe.   98

Prop. V. Si la fuperficie d'un Cilindre
droit eft remplie de petits globules,
& que ces points y circulent avec
une égale viteffe, dans des plans
perpendiculaires à l'axe, & y forment ce qu'on nomme un Tourbillon, 1°. chacun de ces globules tendra à s'éloigner du point de l'axe du
Cilindre fur lequel tombe la perpendiculaire, menée du centre du
globule fur l'axe du tourbillon. Et
tous les globules compris dans une
même couche cilindrique auront
une égale force centrifuge. 2°. Les
forces centrifuges des points compris dans des couches différentes,

lent, eſt égale à ſa force centrifuge.

3°. Tous les points d'une même couche ſphérique ont une égale force centrale. 121

PROP. VIII. Un Tourbillon compris dans une matiere homogene & ſans mouvement, s'y étendra également de toute part de telle ſorte que les points compris dans une même couche ſphérique, circuleront tous avec une égale viteſſe. 128

PROP. IX. Les forces centrales P. p. des points d'un Tourbillon Sphérique qui s'étend, ſe diſtribuëront enfin de telle ſorte, que la Somme des forces centrales de tous les points d'une de ſes couches ſphériques, ſera égale à la Somme des forces centrales de tous les points d'une autre de ſes couches quelconque. Ainſi $IS = ps$. 138

PROP. X. Les Forces centrales P, p des points d'un Tourbillon Sphérique développé, où dont tous les points ſont en équilibre, ſont entr'elles en raiſon inverſe des quarrés des diſtances D, d, de ces points au centre de leurs mouvemens. Ainſi P. $p :: dd$. DD. 146

LEÇON III.

Des Tourbillons comparés entr'eux , & du Tour-
billon composé de petits tourbillons.

refaſſement perpetuel de la matiere
de ce Tourbillon, & des petits tourbillons qui le compoſent.   218

LECON IV.

Du mouvement tant acceleré que retardé , & du
Phénomene de la Peſanteur.

PROPOSITION I.

Si un Mobile commence à ſe mouvoir
par un mouvement uniformément
acceleré , l'eſpace qu'il parcourra
durant un certain tems , ne ſera que
la moitié de l'eſpace qu'il auroit
parcouru durant le même tems , ſi ,
dès l'inſtant qu'il a commencé à ſe
mouvoir , il s'étoit mû uniformément avec toute la viteſſe qu'il a acquiſe à la fin de ce même tems. 223

PROP. II. Les eſpaces que parcourt en
tems égaux un Mobile qui , partant
de ſon point de repos, ſe meut d'un
mouvement uniformément acceleré ; ſont entr'eux comme les nombres impairs.   233

PROP. III. Les eſpaces qu'un mobile
qui ſe meut d'un mouvement uniformément acceleré parcourt , à
compter dupoint d'où il commence
à tomber , ſont entr'eux comme les
quarrés des tems $E. \ e :: TT. tt.$ 238

LEÇON V.

De l'Ether & de son insensible résistance.

PROPOSITION I.

Fin de la Table.

Fautes à corriger.

Pag. lign. lifez.
25. 21. dans le
35. 9. *AB.*
53. 2. *H* (fig. 12)
65. 9. *hA.*
66. 20. plan au point *N.*
74. 10. plan *MM.*
74. 11. ment au point *N.*
79. 20. *RO.*
81. 17. cas ou
87. 21. & que cette force.
95. 21. en *B.*
101. 16. de chacun de ces deux
102. 12. tendre avec.
108. 23. que *a.*
116. 15. globule *c.*
126. 6. centre *O.*
135. 2. direction *OA.*
151. 3. ou *B.*
151. 23. tourbillon *Y.*
153. 5. équateur *MA N.*
175. 8. le … en *P.*
178. 3. tourbillon *O.*
249. 11. (*MP*) 12 (*AG*)
252. 4. 14: 21: demi-.
256. 1. r.. Donc *P. p* :: *R. r.*
310. 9. principes. (p. 2. n. 26.
311. 10. Defcartes (P. 3. n. 88.)
334. 18. *NLP. nlp.*
339. 17. *NLP. nlp.*
341. 22. (P. 16. 4)

9 782329 293172